普通高等教育"十二五"规划教材 | 教育部CAXC项目指定教材

UG NX
机械设计 案例教程

全国计算机辅助技术认证管理办公室 ◎ 组编

魏峥 ◎ 主编　李增栋 李腾训 ◎ 副主编

苏冠英 赵波 牟世茂 李玉超 张国强 ◎ 参编

U0188265

人民邮电出版社

北京

图书在版编目（CIP）数据

UG NX机械设计案例教程 / 魏峥主编 ；全国计算机
辅助技术认证管理办公室组编. -- 北京 ：人民邮电出版
社，2014.8（2023.7重印）
教育部CAXC项目指定教材
ISBN 978-7-115-35744-1

Ⅰ．①U… Ⅱ．①魏… ②全… Ⅲ．①机械设计-计算
机辅助设计-应用软件-教材 Ⅳ．①TH122

中国版本图书馆CIP数据核字(2014)第138697号

内 容 提 要

本书以 UG NX 软件为载体，以机械 CAD 基础知识为主线，将 CAD 技术的基础知识和 UG NX
软件的绘图应用有机地结合起来，以达到快速入门和应用的目的。

本书突出应用主线，由浅入深、循序渐进地介绍了 UG NX 建模模块、装配模块和制图模块的基本操
作技能。本书主要内容包括：UG NX CAD 设计基础、参数化草图建模、创建扫掠特征、创建基准特征、
创建设计特征、创建细节特征、表达式与部件族、典型零部件的设计及相关知识、装配建模和工程图的构
建。

本书以课堂教学的形式安排内容，以单元讲解的形式安排章节。每一讲都结合典型的实例并以
STEP by STEP 的方式进行详细讲解，最后进行知识总结并提供大量习题以供实战练习。

为了使读者直观地掌握本书中的有关操作和技巧，本书配套光盘中根据章节制作了相关的视频教
程，与本书内容相辅相成、互为补充，最大限度地帮助读者快速掌握本书内容。

本书适合国内机械设计和生产企业的工程师阅读，也可以作为 UG NX CAD 培训机构的培训教材、
UG NX CAD 爱好者和用户的自学教材和在校大中专相关专业学生学习 UG NX CAD 的教材。

◆ 组　　编　全国计算机辅助技术认证管理办公室

主　　编　魏　峥

副 主 编　李增栋　李腾训

参　　编　苏冠英　赵　波　牟世茂　李玉超　张国强

责任编辑　吴宏伟

责任印制　张佳莹　杨林杰

◆ 人民邮电出版社出版发行　　北京市丰台区成寿寺路 11 号

邮编　100164　电子邮件　315@ptpress.com.cn

网址　http://www.ptpress.com.cn

北京天宇星印刷厂印刷

◆ 开本：787×1092　1/16

印张：20.25　　　　　　　2014 年 8 月第 1 版

字数：578 千字　　　　　　2023 年 7 月北京第 16 次印刷

定价：45.00 元

读者服务热线：(010)81055256　印装质量热线：(010)81055316
反盗版热线：(010)81055315
广告经营许可证：京东市监广登字 20170147 号

全国计算机辅助技术认证项目专家委员会

主任委员

侯洪生	吉林大学	教授

副主任委员

张鸿志	天津工业大学	教授
张启光	山东职业学院	教授

委　　员（排名不分先后）

杨树国	清华大学	教授
姚玉麟	上海交通大学	教授
尚凤武	北京航空航天大学	教授
王丹虹	大连理工大学	教授
彭志忠	山东大学	教授
窦忠强	北京科技大学	教授
江晓红	中国矿业大学	教授
殷佩生	河海大学	教授
张顺心	河北工业大学	教授
黄星梅	湖南大学	教授
连峰	大连海事大学	教授
黄翔	南京航空航天大学	教授
王清辉	华南理工大学	教授
王广俊	西南交通大学	教授
高满屯	西安工业大学	教授
胡志勇	内蒙古工业大学	教授
崔振勇	河北科技大学	教授
赵鸣	吉林建筑大学	教授
巩绮	河南理工大学	教授

党的<u>十八</u>大报告明确提出："坚持走中国特色新型工业化、信息化、城镇化、农业现代化道路，<u>推动信</u>息化和工业化深度融合、工业化和城镇化良性互动、城镇化和农业现代化相互协调，促进<u>工业化</u>、信息化、城镇化、农业现代化同步发展"。

在<u>我</u>国经济发展处于由"工业经济模式"向"信息经济模式"快速转变时期的今天，计算机<u>技</u>术（CAX）已经成为工业化和信息化深度融合的重要基础技术。对众多工业企业来说，以<u>创</u>新为核心，以工业信息化为手段，提高产品附加值已成为塑造企业核心竞争力的重要方式。<u>围</u>绕提高产品创新能力，三维 CAD、并行工程与协同管理等技术迅速得到推广；柔性制造、<u>异</u>地制造与网络企业成为新的生产组织形态；基于网络的产品全生命周期管理（PLM）和电子商务（EC）成为重要发展方向。计算机辅助技术越来越深入地影响到工业企业的产品研发、设计、生产和管理等环节。

2010 年 3 月，为了满足国民经济和社会信息化发展对工业信息化人才的需求，教育部教育管理信息中心立项开展了"全国计算机辅助技术认证"项目，简称 CAXC 项目。该项目面向机械、建筑、服装等专业的在校学生和社会在职人员，旨在通过系统、规范的培训认证和实习实训等工作，培养学员系统化、工程化、标准化的理念，和解决问题、分析问题的能力，使学员掌握 CAD/CAE/CAM/CAPP/PDM 等专业化的技术、技能，提升就业能力，培养适合社会发展需求的应用型工业信息化技术人才。

立项 3 年来，CAXC 项目得到了众多计算机辅助技术领域软硬件厂商的大力支持，合作院校的积极响应，也得到了用人企业的热情赞誉，以及院校师生的广泛好评，对促进合作院校相关专业教学改革，培养学生的创新意识和自主学习能力起到了积极的作用。CAXC 证书正在逐步成为用人企业选聘人才的重要参考依据。

目前，CAXC 项目已经建立了涵盖机械、建筑、服装等专业的完整的人才培训与评价体系，课程内容涉及计算机辅助设计（CAD）、计算机辅助工程（CAE）、计算机辅助制造（CAM）、计算机辅助工艺计划（CAPP）、产品数据管理（PDM)等相关技术，并开发了与之配套的教学资源，本套教材就是其中的一项重要成果。

本套教材聘请了长期从事相关专业课程教学，并具有丰富项目工作经历的老师进行编写，案例素材大多来自支持厂商和用人企业提供的实际项目，力求科学系统地归纳学科知识点的相互联系与发展规律，并理论联系实际。

在设定本套教材的目标读者时，没有按照本科、高职的层次来进行区分，而是从企业的实际用人需要出发，突出实际工作中的必备技能，并保留必要的理论知识。结构的组织既反映企业的实际工作流程和技术的最新进展，又与教学实践相结合。体例的设计强调启发性、针对性和实用性，强调有利于激发学生的学习兴趣，有利于培养学生的学习能力、实践能力和创新能力。

希望广大读者多提宝贵意见，以便对本套教材不断改进和完善。也希望各院校老师能够通过本套教材了解并参与 CAXC 项目，与我们一起，为国家培养更多的实用型、创新型、技能型工业信息化人才！

教育部教育管理信息中心

高级工程师　薛玉梅

20　　年 6 月

党的十八大报告明确提出："坚持走中国特色新型工业化、信息化、城镇化、农业现代化道路，推动信息化和工业化深度融合、工业化和城镇化良性互动、城镇化和农业现代化相互协调，促进工业化、信息化、城镇化、农业现代化同步发展"。

在我国经济发展处于由"工业经济模式"向"信息经济模式"快速转变时期的今天，计算机辅助技术（CAX）已经成为工业化和信息化深度融合的重要基础技术。对众多工业企业来说，以技术创新为核心，以工业信息化为手段，提高产品附加值已成为塑造企业核心竞争力的重要方式。

围绕提高产品创新能力，三维 CAD、并行工程与协同管理等技术迅速得到推广；柔性制造、异地制造与网络企业成为新的生产组织形态；基于网络的产品全生命周期管理（PLM）和电子商务（EC）成为重要发展方向。计算机辅助技术越来越深入地影响到工业企业的产品研发、设计、生产和管理等环节。

2010 年 3 月，为了满足国民经济和社会信息化发展对工业信息化人才的需求，教育部教育管理信息中心立项开展了"全国计算机辅助技术认证"项目，简称 CAXC 项目。该项目面向机械、建筑、服装等专业的在校学生和社会在职人员，旨在通过系统、规范的培训认证和实习实训等工作，培养学员系统化、工程化、标准化的理念，和解决问题、分析问题的能力，使学员掌握 CAD/CAE/CAM/CAPP/PDM 等专业化的技术、技能，提升就业能力，培养适合社会发展需求的应用型工业信息化技术人才。

立项 3 年来，CAXC 项目得到了众多计算机辅助技术领域软硬件厂商的大力支持，合作院校的积极响应，也得到了用人企业的热情赞誉，以及院校师生的广泛好评，对促进合作院校相关专业教学改革，培养学生的创新意识和自主学习能力起到了积极的作用。CAXC 证书正在逐步成为用人企业选聘人才的重要参考依据。

目前，CAXC 项目已经建立了涵盖机械、建筑、服装等专业的完整的人才培训与评价体系，课程内容涉及计算机辅助设计（CAD）、计算机辅助工程（CAE）、计算机辅助制造（CAM）、计算机辅助工艺计划（CAPP)、产品数据管理（PDM)等相关技术，并开发了与之配套的教学资源，本套教材就是其中的一项重要成果。

本套教材聘请了长期从事相关专业课程教学，并具有丰富项目工作经历的老师进行编写，案例素材大多来自支持厂商和用人企业提供的实际项目，力求科学系统地归纳学科知识点的相互联系与发展规律，并理论联系实际。

在设定本套教材的目标读者时，没有按照本科、高职的层次来进行区分，而是从企业的实际用人需要出发，突出实际工作中的必备技能，并保留必要的理论知识。结构的组织既反映企业的实际工作流程和技术的最新进展，又与教学实践相结合。体例的设计强调启发性、针对性和实用性，强调有利于激发学生的学习兴趣，有利于培养学生的学习能力、实践能力和创新能力。

　　希望广大读者多提宝贵意见，以便对本套教材不断改进和完善。也希望各院校老师能够通过本套教材了解并参与 CAXC 项目，与我们一起，为国家培养更多的实用型、创新型、技能型工业信息化人才！

教育部教育管理信息中心处长
高级工程师　薛玉梅
2013 年 6 月

功能强大、易学易用和技术创新是 UG NX CAD 的三大特点，使其成为领先的、主流的三维 CAD 解决方案。UG NX CAD 具有强大的建模能力、虚拟装配能力及灵活的工程图设计能力，其理念是帮助工程师设计伟大的产品，使设计师更关注产品的创新而非 CAD 软件。

本书具有以下特点：

（1）更符合应用类软件的学习规律。

本书采用"案例介绍及知识要点→设计理念→操作步骤→步骤点评→总结与拓展→随堂练习"的固定结构。此结构符合人们认识事物的一般规律，即"特殊性→普遍性→特殊性"规律。

- 案例引入：根据教学进度和教学要求精选典型的机械设计和 UG NX 软件操作案例，让读者知道要做什么。

- 设计理念：想要有效率地使用建模软件，在建立模型前，必须先行考虑好设计理念。对于模型变化的规划即为设计理念。

- 操作步骤：详细介绍了案例的制作过程。

- 步骤点评：对之前的操作加以强化分析和拓展。

- 总结与拓展：教材中所提供的案例虽然典型，但是有一定的局限性，无法涵盖各种不同的地区，通过拓展可以使案例教学更加丰满，内容更加丰富，而且更加深入，更加有说服力。

- 随堂练习：本书各章后面的习题不仅起到巩固所学知识和实战演练的作用，并且对深入学习 UG NX 有引导和启发作用，读者可参考本书提供的答案对自己做出测评。

（2）更符合软件操作类图书的阅读习惯。

软件操作类图书，涉及的步骤较多，每一步骤涉及的操作参数又很多。为了让读者更方便地阅读，本书在以下几方面进行努力：

- 更加清晰的层次结构；

- 对操作的描述尽量采用短句；

- 避免过份冗长的段落，而尽量采用短小的段落；

- 详尽的图文说明。

（3）为方便用户学习，本书提供了大量的实例素材和操作视频。

为方便用户学习，本书对大部分实例，专门制作了多媒体视频，对随堂练习和课后练习提供了操作结果。请到 http: //www.ptpedu .com.cn，输入书号查找下载。或直接扫下面的二维码。

本书在写作过程中，充分吸取了 UG NX CAD 授课经验，同时，与 UG NX CAD 爱好者展开了良好的交流，充分了解他们在应用 UG NX CAD 过程中所急需掌握的知识内容，做到理论和实践相结合。

　　本书由魏峥、李增栋、李腾训、苏冠英、赵波、牟世茂、李玉超、张国强编写，在编写过程中得到了邮电出版社的吴宏伟编辑的指导，再次表示衷心感谢。感谢我家人万珊和开心乐园的朋友孟明姬、荆延财、任建农、沈敬卫、钱玉俭给以的精神支持，让我安心完成此系列图书的编写。

　　由于作者水平有限，加上时间仓促，图书虽经再三审阅，但仍有可能存在不足和错误，恳请各位专家和朋友批评指正！

编者

UG NX CAD 设计基础

　　CAD（Computer Aided Design）就是设计者利用以计算机为主的一整套系统，在产品的全生命周期内帮助设计者进行产品的概念设计、方案设计、结构设计、工程分析、模拟仿真、工程绘图、文档整理等方面的工作。CAD 既是一门包含多学科的交叉学科，它涉及计算机学科、数学学科、信息学科和工程技术等；CAD 又是一项高新技术，它对企业产品质量的提高，产品设计及制造周期的缩短，提高企业对动态多变市场的响应能力及企业的竞争能力都具有重要的作用。因此，CAD 技术在各行各业都得到了广泛的推广应用。

　　UG NX CAD 正是优秀 CAD 软件的典型代表之一。UG NX CAD 作为 Windows 平台下的机械设计软件，完全融入了 Windows 软件使用方便和操作简单的特点，其强大的设计功能可以满足一般机械产品的设计需要。

1.1　设计入门

1.1.1　案例介绍及知识要点

　　建立如图 1-1 所示的垫块。

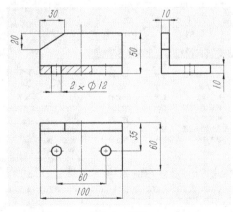

图 1-1　垫块

　　知识点
　　（1）用户界面；
　　（2）零件设计的基本操作方法；
　　（3）文件操作。

1.1.2　设计理念

建立模型时，首先通过体素体征块和拉伸体求和建立毛坯，然后通过打孔完成粗加工，最后通过倒角完成精加工，最终效果如图 1-2 所示。

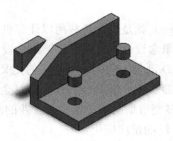

图 1-2　建模分析

1.1.3　操作步骤

步骤一：新建零件

选择【文件】|【新建】命令，出现【文件新建】对话框。

① 选择【模型】选项卡，在【模板】列表框中选中【模型】模板；

② 在【新文件名】组的【名称】文本框中输入 myFirstModel，在【文件夹】文本框中输入 E:\NX_Model\1\study\。

如图 1-3 所示，单击【确定】按钮。

图 1-3　【新建】对话框

步骤二：创建毛坯

（1）选择【插入】|【设计特征】|【长方体】命令，出现【块】对话框。在【长度】文本框中输入60，在【宽度】文本框中输入100，在【高度】文本框中输入10，单击【确定】按钮。在坐标系原点（0，0，0）处创建长方体，如图1-4所示。

图1-4　创建长方体

（2）选择【插入】|【设计特征】|【拉伸】命令，出现【拉伸】对话框。

① 在【截面】组中，激活【选择曲线】，在图形区选择长方体的后边为拉伸的边；

② 在【极限】组中，从【结束】列表中选择【值】选项，在【距离】文本框中输入40；

③ 在【偏置】组中，从【偏置】列表中选择【两侧】选项，在【结束】文本框中输入-10；

④ 在【布尔】组中，从【布尔】列表中选择【求和】选项。

如图1-5所示，单击【确定】按钮。

图1-5　创建拉伸体

步骤三：创建粗加工特征

（1）选择【插入】|【基准/点】|【基准平面】命令，或单击【特征操作】工具栏上的【基准平面】按钮，出现【基准平面】对话框。从【类型】列表中选择【自动判断】选项，在【要定义平面的对象】组中激活【选择对象】，在图形区选择两个面，如图 1-6 所示，单击【确定】按钮，即可创建两个面的二等分基准面。

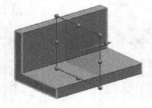

图 1-6　创建两个面的二等分基准面

（2）选择【插入】|【设计特征】|【孔】命令，出现【孔】对话框。

① 在【类型】组中，使用默认类型为【常规孔】；

② 在【方向】组中，从【孔方向】列表中选择【垂直于面】选项；

③ 在【形状和尺寸】组中，从【成形】列表中选择【简单】选项，在【直径】文本框中输入 12，从【深度限制】列表中选择【贯通体】选项，如图 1-7 所示；

④ 在【位置】组中，单击【草图】按钮，出现【创建草图】对话框，在图形区选择长方体的上表面为孔的放置平面，如图 1-8 所示；

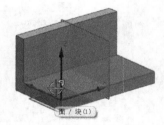

图 1-7　【孔】对话框　　　　　　　　　图 1-8　选择长方体的上表面为孔的放置平面

⑤ 进入【草图】环境，出现【草图点】对话框，在长方体上表面指定点，如图 1-9 所示，单击【关闭】按钮；

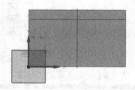

图 1-9　确定点

⑥ 单击【草图工具】栏上的【自动判断的尺寸】按钮，标注尺寸，如图 1-10 所示。单击【完成草图】按钮，单击【孔】对话框中的【确定】按钮完成孔的创建。

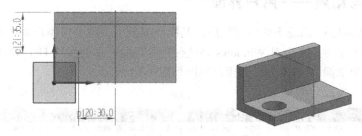

图 1-10 标注尺寸

（3）选择【插入】|【关联复制】|【镜像特征】命令，出现【镜像特征】对话框。

① 在【要镜像的特征】组中，激活【选择特征】，在图形区选择简单孔；

② 在【镜像平面】组中，从【平面】列表中选择【现有平面】选项，在图形区选取镜像面。

如图 1-11 所示，单击【确定】按钮，建立镜像特征。

图 1-11 完成镜像特征的创建

步骤四：创建精加工特征

选择【插入】|【细节特征】|【倒斜角】命令，出现【倒斜角】对话框。

① 在【边】组中，激活【选择边】，在图形区选择拉伸体的左边为倒角边；

② 在【偏置】组中，从【横截面】列表中选择【非对称】选项，在【距离 1】文本框中输入 30，在【距离 2】文本框中输入 20。

如图 1-12 所示，单击【确定】按钮，完成倒斜角的创建。

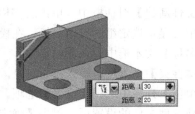

图 1-12 倒斜角

步骤五：完成模型的创建

选择【文件】|【保存】命令，保存文件。

提示：用户应该经常保存所做的工作，以免系统异常时丢失数据。

1.1.4　总结与拓展——用户界面

UG NX 是 Windows 系统下的应用程序，其用户界面以及许多操作和命令都与 Windows 应用程序非常相似，无论用户是否对 Windows 系统使用有经验，都会发现 UG NX 的界面和命令工具是非常容易学习和掌握的。UG NX 的用户界面如图 1-13 所示。

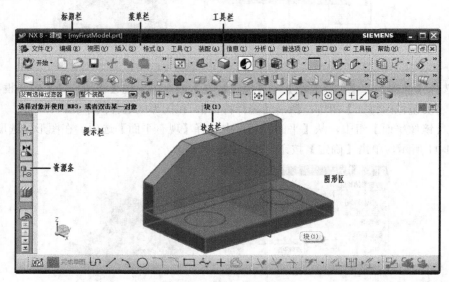

图 1-13　UG NX 的用户界面

UG NX 的工作界面中主要包括标题栏、菜单栏、工具栏、提示栏、状态栏、资源条和图形区等。

1.1.5　总结与拓展——文件操作

文件操作主要包括建立新文件、打开文件、保存文件和关闭文件，这些操作可以通过【文件】下拉菜单或者【标准】工具栏来完成。

1．新建文件

（1）选择【文件】|【新建】命令，或单击【标准】工具栏上的【新建】按钮，出现【文件新建】对话框。

（2）在【文件新建】对话框中，单击所需模板的类型的选项卡（例如，模型或图纸）。【文件新建】对话框中会显示选定组的可用模板，在模板列表框中单击所需的模板即可。

（3）在【名称】文本框中输入新的名称。

（4）在【文件夹】文本框中输入指定目录，或单击按钮以浏览选择目录。

（5）从【单位】列表中选择【毫米】选项。

（6）完成新部件文件的设置后，单击【确定】按钮。

2．打开文件

（1）选择【文件】|【打开】命令，或单击【标准】工具栏上的【打开】按钮，出现【打开】对话框，如图 1-14 所示。

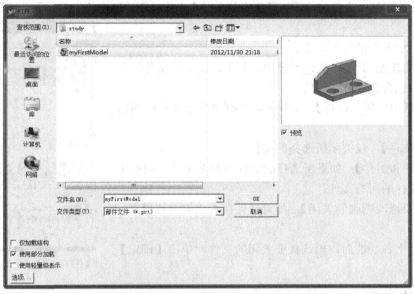

图 1-14 【打开】对话框

（2）【打开】对话框中显示了所选部件文件的预览图像。使用该对话框来查看部件文件，而不用先在 NX 软件中打开它们，以免打开错误的部件文件。双击要打开的文件，或从文件列表框中选择文件并单击【OK】按钮。

（3）如果知道文件名，在【文件名】文本框中输入部件名称，然后单击【OK】按钮。如果 NX 不能找到该部件名称，则会显示一条出错消息。

3．保存文件

保存文件时，既可以保存当前文件，也可以另存文件，还可以保存显示文件或对文件实体数据进行压缩。

选择【文件】|【保存】命令，或单击【标准】工具栏上的【保存】按钮，可直接对文件进行保存。

4．关闭文件

（1）完成建模工作以后，需要将文件关闭，以保证所做工作不会被系统意外修改。选择【文件】|【关闭】命令下的子菜单命令可以关闭文件，如图 1-15 所示。

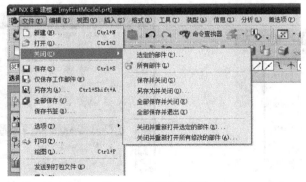

图 1-15 关闭文件菜单

（2）如果关闭某个文件时，选择【选定的部件】命令，则出现【关闭部件】对话框，如图 1-16 所示。

该对话框中各功能选项如下。

- 【顶层装配部件】：文件列表中只列出顶层装配文件，而不列出装配中包含的组件。

- 【会话中的所有部件】：文件列表中列出当前进程中的所有文件。

- 【仅部件】：仅关闭所选择的文件。

- 【部件和组件】：如果所选择的文件为装配文件，则关闭属于该装配文件的所有文件。

- 【如果修改则强制关闭】：如果文件在关闭前没有保存，则强行关闭。

选择完以上各功能后，再选择要关闭的文件，单击【确定】按钮。

图 1-16　【关闭部件】对话框

1.1.6　随堂练习

1．观察主菜单栏

未打开文件之前，观察主菜单栏状况。建立或打开文件后，再次观察主菜单栏状况（增加了【编辑】、【插入】、【格式】、【分析】等），如图 1-17 所示。

图 1-17　打开文件后的主菜单栏

2．观察下拉式菜单

单击主菜单栏中的每一项，弹出下拉式菜单，如图 1-18 所示，选择并单击所需选项进入工作界面。

3．使用浮动工具栏

用鼠标左键在工具栏的横线或空白处单击，按住鼠标左键并移动鼠标，可拉动工具栏到所需位置（UG-NX 的工具栏都是浮动的，可由使用者任意调整到所需位置），如图 1-19 所示。

图 1-18　下拉式菜单

图 1-19　浮动工具栏

4．调用浮动菜单

将鼠标放在工作区的任何一个位置，单击鼠标右键，即可出现浮动菜单，如图 1-20 所示。

5．调用推断式弹出菜单

推断式弹出菜单提供了另一种访问选项的方法。当按下鼠标右键时，会根据选择在光标位置周围显示推断式弹出菜单（最多 8 个图标），如图 1-21 所示。这些图标包括了经常使用的功能和选项，选择方式和从菜单中选择一样。

图 1-20　浮动菜单

 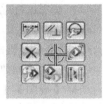

图 1-21　推断式弹出菜单

6．观察资源条

资源条可利用很小的用户界面空间将许多页面组合在一个公用区中。NX 将所有的导航器窗口，历史记录资源板，集成 Web 浏览器和部件模板都放在资源条中。默认情况下，系统将资源条置于 NX 窗口的左侧，如图 1-13 所示。

7．观察提示栏

提示栏显示在 NX 主窗口的底部或顶部，主要用来提示用户如何操作。执行每个命令步骤时，系统都会在提示栏显示用户必须执行的动作，或者提示用户下一个动作。

8．观察状态栏

状态栏主要用来显示系统及图元的状态，给用户可视化的反馈信息。

9．认识图形区

图形区位于屏幕中间，用于显示工作成果。

1.2　视图的运用

1.2.1　案例介绍及知识要点

本案例将进行如下的操作：

（1）缩放视图；

（2）视图定向；

（3）显示截面；

（4）模型显示样式；

（5）编辑对象显示。

知识点

（1）运用工具栏的各项命令进行视图操作；

（2）运用鼠标和快捷键进行视图操作。

1.2.2　操作步骤

步骤一：打开零件

打开文件"myFirstModel.prt"。

步骤二：缩放视图

（1）使用鼠标缩放视图。

- 在图形区滚动鼠标中键滚轮。
- 按住 Ctrl 键的同时，在图形区按住鼠标中键上下拖动。

（2）使用【缩放视图】对话框缩放视图。

选择【视图】｜【操作】｜【缩放】命令，出现【缩放视图】对话框。在【缩放】文本框中输入新比例，或单击【缩小一半】等按钮来完成视图的缩放，如图 1-22 所示。

> **提示：** 单击【视图】工具栏上的【放大/缩小】按钮 ，与按住 Ctrl 键时拖动鼠标的效果一样。

（3）使用缩放模式缩放视图。

- 单击【视图】工具栏上的【缩放】按钮 ；
- 从图形区的右键快捷菜单中选择【缩放】命令；
- 按快捷键 F6。

进入缩放模式，光标变成 时，按住鼠标左键并拖动，如图 1-23 所示。

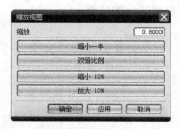

图 1-22　使用【缩放视图】对话框缩放模型

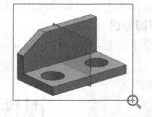

图 1-23　使用缩放模式缩放模型

> **技巧：** 单击鼠标中键或按 Esc 键，即可退出缩放模式。

（4）使视图适合窗口。

- 单击【视图】工具栏上的【适合窗口】按钮 ；
- 从图形区的右键快捷菜单中选择【适合窗口】命令；
- 按快捷键 Ctrl+F。

系统就会调整视图直至适合当前窗口的大小。

步骤三：视图定向——旋转视图

（1）使用鼠标旋转视图。

在图形区按住鼠标中键并拖动，此时的旋转中心为视图中心。

在图形区按住鼠标中键直至出现 ✚，然后拖动鼠标。✚ 这一点为临时旋转中心。使用鼠标旋转图形如图 1-24 所示。

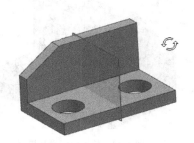 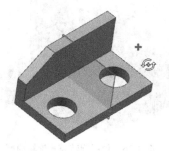

旋转中心为视图中心　　　　　　　　旋转中心为临时点

图 1-24　使用鼠标中键旋转模型

（2）使用【旋转视图】对话框旋转视图。

选择【视图】|【操作】|【旋转】命令，出现【旋转视图】对话框。选择【固定轴】中的选项之一，然后移动光标到图形区，按住鼠标左键并拖动，如图 1-25 所示。

 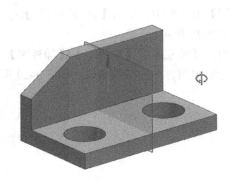

图 1-25　使用【旋转视图】对话框旋转模型

（3）使用旋转模式旋转视图。

- 单击【视图】工具栏上的【旋转】按钮 ⟳；
- 从图形区的右键快捷菜单中选择【旋转】命令；
- 按快捷键 F7。

进入旋转模式，光标变成 ⟳ 时，按住鼠标左键并拖动，如图 1-26 所示。

技巧：单击鼠标中键或按 Esc 键，即可退出旋转模式。

步骤四：视图定向——平移视图

（1）使用鼠标平移视图。

- 按住键盘上的 Shift 键，在图形区按住鼠标中键拖动；
- 同时按住鼠标中键和右键拖动。

使用鼠标平移视图如图 1-27 所示。

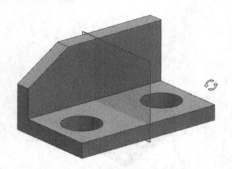

图 1-26　使用旋转模式旋转模型

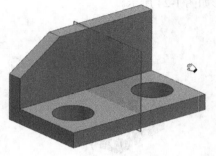

图 1-27　使用鼠标平移模型

（2）使用平移模式平移视图。

- 单击【视图】工具栏上的【平移】按钮 ；
- 从图形区的右键快捷菜单中选择【平移】命令。

进入平移模式，光标变成 时，按住鼠标左键并拖动，如图 1-27 所示。

技巧：单击鼠标中键或按 Esc 键，即可退出平移模式。

步骤五：视图定向——标准视图

在【视图】工具栏中，单击【正等测视图】 按钮右边的下三角按钮，弹出【视图显示】下拉菜单，如图 1-28 所示。

利用其中的【俯视图】、【前视图】、【仰视图】、【左视图】、【右视图】和【后视图】命令可分别得到 6 个基本视图方向的视觉效果，如图 1-29 所示。

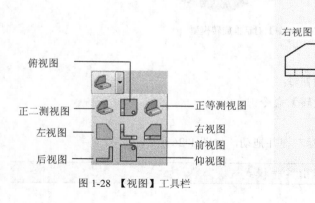

图 1-28　【视图】工具栏

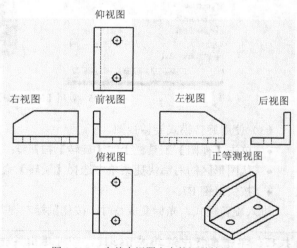

图 1-29　6 个基本视图方向的视觉效果

提示: 按 Home 键, 视图变化为正二测视图;

按 End 键, 视图变化为正等测视图;

按 Ctrl+Alt+F 键, 视图变化为前视图;

按 Ctrl+Alt+T 键, 视图变化为俯视图;

按 Ctrl+Alt+L 键, 视图变化为左视图;

按 Ctrl+Alt+R 键, 视图变化为右视图。

步骤六: 视图定向——定向到最近的正交视图

- 按 F8 键, 将视图定向到最近的正交视图。
- 选择一个平面, 按 F8 键, 视图将会调整到与所选平面平行的方位。

步骤七: 显示截面

显示截面是指显示剖切视图, 可以观察到部件的内部结构。

（1）新建截面。

单击【视图】工具栏上的【新建截面】按钮，出现【视图截面】对话框。系统自动开启截面显示, 如图 1-30 所示。

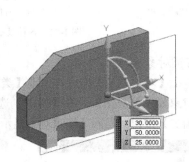

图 1-30 创建截面

（2）切换截面显示。

单击【视图】工具栏上的【剪切工作截面】按钮，使其呈按下状态, 则会显示剖切视图。再次单击该按钮, 使其呈弹起状态, 则会恢复部件的正常显示, 如图 1-31 所示。

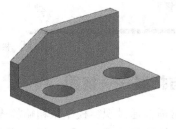

图 1-31 切换截面显示

（3）编辑剖切截面。

单击【视图】工具栏上的【编辑工作截面】按钮，出现【查看截面】对话框。

> 提示：当部件不存在剖切截面时，【编辑工作截面】命令与【新建截面】命令的功能相同。

步骤八：模型的显示方式

在【视图】工具栏中，单击【着色】按钮右边的下三角按钮，弹出【视图着色】下拉菜单。各种常用着色的效果图，如图 1-32 所示。

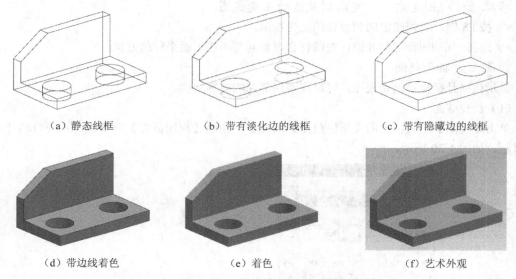

（a）静态线框　　　　　（b）带有淡化边的线框　　　　　（c）带有隐藏边的线框

（d）带边线着色　　　　　（e）着色　　　　　（f）艺术外观

图 1-32　各种显示状态的效果图

步骤九：编辑对象显示

选择【编辑】|【对象显示】命令，出现【类选择】对话框。选择所见实体，单击【确定】按钮，出现【编辑对象显示】对话框。在【常规】选项卡中单击【颜色】，出现【颜色】对话框。选择绿色，单击【确定】按钮。返回【编辑对象显示】对话框，如图 1-33 所示，单击【确定】按钮。

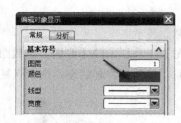

图 1-33　模型的显示方式

1.2.3　总结与拓展——视图

在设计中常常需要通过观察模型来粗略检查模型设计是否合理，NX 软件提供的视图功能能让设计者方便、快捷地观察模型。【视图】工具栏如图 1-34 所示。

图1-34 【视图】工具栏

1.2.4 总结与拓展——对象选择

1. 使用鼠标选择对象

用鼠标左键直接在图形区单击对象来选择，可以连续选择多个对象，将其加入到选择集中。选择时要注意与【选择条】上的【选择过滤器】和【选择意图】配合使用。

2. 使用【快速拾取】对话框选择对象

当图形区对象比较多，在同一光标位置下有多个对象重叠在一起时，单击选择往往选不到想要的对象，这时将光标置于欲选择对象的上方并停留片刻，待光标变成【快速拾取】指示器⇥时单击，出现【快速拾取】对话框。如图1-35所示，对话框的列表中列出了在光标下方所有可选择的对象，可以很容易地在多个可选对象中选择一个对象。将光标在列表中的各项目间移动，图形区就会高亮显示相对应的对象，在所需的项目上单击即可选取该对象。

3. 使用【类选择】对话框选择对象

【类选择】对话框中提供了选择对象的详细方法。可以通过指定类型、颜色、图层或【过滤器】中的其他参数来指定哪些对象是可选的。【类选择】对话框如图1-36所示。

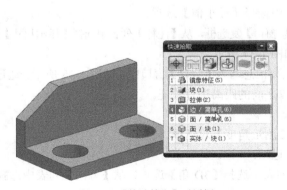

图1-35 【快速拾取】对话框

图1-36 【类选择】对话框

【过滤器】使用步骤如下（以【类型过滤器】为例）：

单击【类型过滤器】按钮，出现【根据类型选择】对话框。选取需要过滤的类型，单击【确定】按钮，返回【类选择】对话框。单击【全选】按钮，完成操作。

1.2.5　随堂练习

打开"myFirstModel.prt"，分别运用鼠标、快捷键和工具栏命令来观察此模型，并将模型颜色改为橙色。

1.3　模型测量

1.3.1　案例介绍及知识要点

本案例将进行如下的操作：

（1）测量距离；

（2）测量角度；

（3）测量直径；

（4）使用面测量面属性；

（5）使用实体测量质量属性。

知识点

运用 NX 分析工具对三维模型进行几何计算或物理特性分析。

1.3.2　操作步骤

步骤一：打开零件

打开文件"myFirstModel.prt"。

步骤二：测量距离

（1）选择【分析】|【测量距离】命令，弹出【测量距离】对话框。

① 在【类型】列表中选择【距离】选项；

② 在【测量】组中，从【距离】列表中选择【最小值】选项；

③ 在【结果显示】组中，选中【显示信息窗口】复选框，从【注释】列表中选择【显示尺寸】选项；

④ 在图形区分别选择起点和终点，如图 1-37 所示。

（2）测量对象确定后，系统将自动将距离信息写入【信息】窗口中，如图 1-38 所示。通过【信息】窗口显示出的结果，就可以对选中对象之间的距离进行验证。

步骤三：测量角度

选择【分析】|【角度】命令，弹出【测量角度】对话框。

① 从【类型】列表中选择【按对象】选项；

② 在【测量】组中，从【评估平面】列表中选择【3D 角】选项，从【方向】列表中选择【内角】选项；

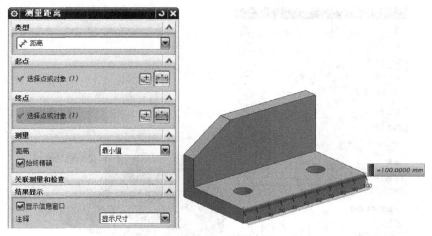

图 1-37　测量距离

图 1-38　【信息】窗口

③ 在【结果显示】组中，选中【显示信息窗口】复选框，从【注释】列表中选择【显示尺寸】选项；

④ 在图形区选择第一个参考和第二个参考。

如图 1-39 所示，测量对象确定后，系统将自动将角度信息写入【信息】窗口中，通过【信息】窗口显示出的结果，就可以对选中对象之间的夹角进行验证。

步骤四：测量直径

选择【分析】|【测量距离】命令，弹出【测量距离】对话框。

① 从【类型】列表中选择【直径】选项；

② 在【结果显示】组中，选中【显示信息窗口】复选框，从【注释】列表中选择【显示尺寸】选项；

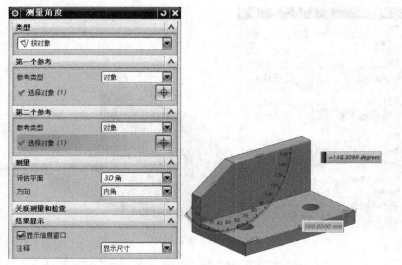

图 1-39　测量角度

③ 在图形区选择起点和终点。

如图 1-40 所示，测量对象确定后，系统将自动将直径信息写入【信息】窗口中，通过【信息】窗口显示出的结果，就可以对选中对象直径进行验证。

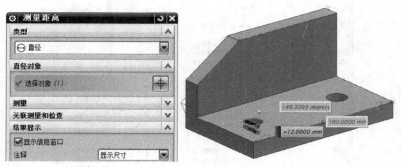

图 1-40　测量直径

步骤五：测量面积

选择【分析】|【测量面】命令，弹出【测量面】对话框。

① 在【结果显示】组中，选中【显示信息窗口】复选框，从【注释】列表中选择【显示尺寸】选项；

② 在图形区选择面。

如图 1-41 所示，测量对象确定后，系统将自动将面信息写入【信息】窗口中，通过【信息】窗口显示出的结果，就可以对选中对象面进行验证。

步骤六：测量体

选择【分析】|【测量体】命令，弹出【测量体】对话框。

① 在【结果显示】组中，选中【显示信息窗口】复选框，从【注释】列表中选择【显示尺寸】选项；

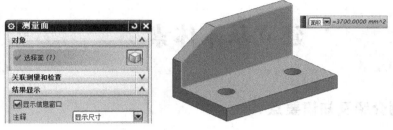

图 1-41 测量面

② 在图形区选择体。

如图 1-42 所示，测量对象确定后，系统将自动将体信息写入【信息】窗口中，通过【信息】窗口显示出的结果，就可以对选中对象体进行验证。

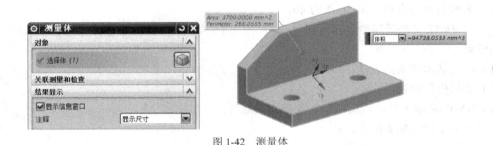

图 1-42 测量体

1.3.3 总结与拓展——对象与模型分析

用户在建模的过程中，可以应用 NX 中的分析工具及时地对三维模型进行几何计算或物理特性分析，并根据分析结果修改设计参数，以提高设计的可靠性和设计效率。

1．常规参数分析

（1）距离。

分析距离是指获取两个 NX 对象（如点、曲线、平面、体、边/或面）之间的最小距离。

（2）角度。

分析角度是指获取两个曲线，或两平面，或直线与平面之间的角度测量值。

（3）直径或半径。

分析直径或半径是指获取曲线的直径或半径测量值。

2．使用面测量面属性

使用面测量面属性是指计算体面的面积和周长值。

3．使用实体测量质量属性

使用实体测量质量属性是指计算实体的体积、质量、质心和惯性矩等。

1.3.4 随堂练习

打开文件"myFirstModel.prt"，分析模型的其他参数。

1.4　建立基本体素

1.4.1　案例介绍及知识要点

本案例将进行如下的操作:

（1）建立一个 100×100×100 的正方体，位置位于 XC=50，YC=50，ZC=0 处。

（2）在长方体的四个角处各建立一个直径为 20、高为 100 的圆柱，并做布尔差的运算。

（3）在长方体的顶面中心建立一个圆台，顶部直径=25，底部直径=50，高度=25，做布尔和的运算。

（4）编辑圆台的直径，由 50 改为 40。

（5）将 PART 文件等轴测放置后保存。

知识点

（1）创建基本体素的方法；

（2）布尔操作的运用；

（3）NX 的常用工具：点构造器、矢量构造器等；

（4）操纵工作坐标系的方法；

（5）部件导航器的使用方法。

1.4.2　操作步骤

步骤一：建立零件

新建文件"blank.prt"。

步骤二：创建正方体

选择【插入】|【设计特征】|【长方体】命令，出现【块】对话框。

① 从【类型】列表中选择【原点和边长】选项；

② 在【尺寸】组中，在【长度】文本框中输入 100，在【宽度】文本框中输入 100，在【高度】文本框中输入 100，如图 1-43 所示；

③ 单击【点对话框】按钮，出现【点】对话框，在【坐标】组中，在【XC】文本框中输入 50，在【YC】文本框中输入 50，在【ZC】文本框中输入 0，如图 1-44 所示，单击【确定】按钮；

图 1-43　【块】对话框

图 1-44　确定点

④ 返回【块】对话框，单击【确定】按钮，创建正方体，如图 1-45 所示。

步骤三：创建圆柱

（1）创建圆柱。

选择【插入】|【设计特征】|【圆柱】命令，出现【圆柱】对话框。

① 从【类型】列表中选择【轴、直径和高度】选项；

② 采用默认矢量方向，选择边角为基点；

③ 在【尺寸】组中，在【直径】文本框中输入 20，在【高度】文本框中输入 100。

④ 在【布尔】组中，从【布尔】列表中选择【无】选项。

如图 1-46 所示，单击【确定】按钮，创建圆柱。按同样的方法创建其余 3 个圆柱。

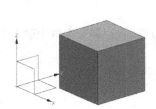

图 1-45 创建正方体

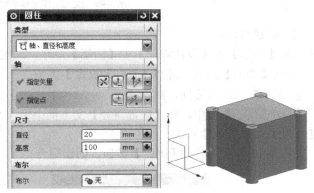

图 1-46 创建 4 个圆柱

（2）求差。

选择【插入】|【组合体】|【求差】命令，出现【求差】对话框。

① 在【目标】组中，激活【选择体】，在图形区选择正方体；

② 在【工具】组中，激活【选择体】，在图形区选择 4 个圆柱。

单击【确定】按钮，如图 1-47 所示。

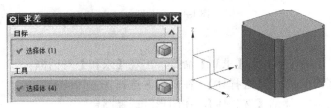

图 1-47 求差结果

步骤四：创建圆台

（1）重新定位 WCS。

选择【格式】|【WCS】|【动态】命令。

① 选择上顶面边缘的中点，单击鼠标左键，如图 1-48（a）所示。

② 选择平移手柄，出现动态输入框，在【距离】文本框中输入 50 并按 Enter 键。

如图 1-48（b）所示，单击鼠标左键。

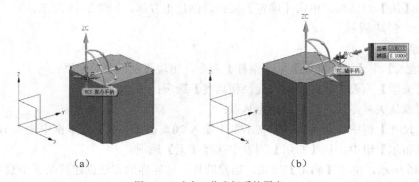

（a）　　　　　　　　　　　　　　　（b）

图 1-48　改变工作坐标系的原点

（2）创建圆台。

选择【插入】|【设计特征】|【圆锥】命令，出现【圆锥】对话框。

① 从【类型】列表中选择【直径和高度】类型；

② 采用默认矢量方向，默认基点；

③ 在【尺寸】组中，在【底部直径】文本框中输入 50，在【顶部直径】文本框中输入 25，在【高度】文本框中输入 25。

如图 1-49 所示，单击【确定】按钮，创建圆台。

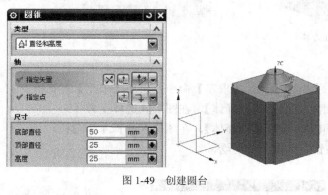

图 1-49　创建圆台

（3）求和。

选择【插入】|【组合体】|【求和】命令，出现【求和】对话框。

① 在【目标】组中，激活【选择体】，在图形区选择正方体；

② 在【工具】组中，激活【选择体】，在图形区选择圆台。

如图 1-50 所示，单击【确定】按钮。

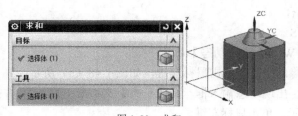

图 1-50　求和

步骤五：编辑圆台

用 4 种方法编辑圆台的直径，由 50 改为 40。

- 在导航器中的目录树上找到圆台的特征并双击。
- 在导航器中的目录树上找到圆台的特征，单击鼠标右键，选择【编辑参数】命令。
- 在导航器中的目录树上找到圆台的特征，在细节栏中编辑参数。
- 在实体上直接选中并高亮显示圆台特征并双击。

步骤六：保存

选择【文件】|【保存】命令，保存文件。

1.4.3 步骤点评

1．对于步骤三：关于布尔操作

布尔运算允许将原先存在的实体和（或）多个片体结合起来。可以在现有的实体上应用以下布尔运算：求和、求差、求交。

（1）求和。

求和可将两个或更多个工具实体的体积组合为一个目标体。目标体和工具体必须重叠或共享面，这样才会生成有效的实体。

（2）求差。

求差可从目标体中移除一个或多个工具体的体积，目标体必须为实体，工具体通常为实体。

（3）求交。

求交可创建包含目标体与一个或多个工具体的共享体积或区域的体。可以将实体与实体、片体与片体以及片体与实体相交，而不能将实体与片体相交。

（4）布尔错误报告。

① 所选的工具实体必须与目标实体具有交集，否则在相减时会弹出出错消息提示框，如图 1-51 所示。

图 1-51 消息提示

② 当使用求差时，工具体的顶点或边可能和目标体的顶点或边不接触，因此，生成的体会有一些厚度为零的部分。如果存在零厚度，则会显示"非歧义实体"的出错信息，如图 1-52 所示。

> 提示：可通过微小移动工具条（>建模距离公差）解决此故障。

2．对于步骤四：关于重新定位 WCS 坐标点

使用快捷方式重新定位 WCS 坐标点，需确保【启用捕捉点】工具栏中的相应按钮是激活的，如图 1-53 所示。

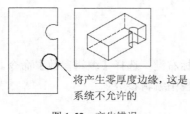

将产生零厚度边缘，这是
系统不允许的

图 1-52　产生错误

图 1-53　【启用捕捉点】工具栏

1.4.4　总结与拓展——体素特征

所谓体素特征，指的是可以独立存在的规则实体，它可以用作实体建模初期的基本形状。体素特征具体包括长方体、圆柱体、圆锥体和球体 4 种。

1．长方体

长方体——允许用户通过指定方位、大小和位置来创建长方体体素。选择【插入】|【设计特征】|【长方体】命令，出现【块】对话框。系统提供了 3 种创建长方体的方式。

（1）原点、边长度——允许用户通过定义每条边的长度和顶点来创建长方体，如图 1-54 所示。

（2）两个点、高度——允许用户通过定义底面的高度和两个对角点来创建长方体，如图 1-55 所示。

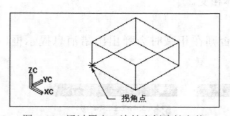

图 1-54　通过原点、边长度创建长方体

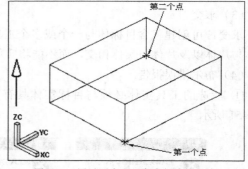

图 1-55　通过两个点、高度创建长方体

（3）两个对角点——允许用户通过定义两个代表对角点的 3D 体对角点来创建长方体，如图 1-56 所示。

2．圆柱体

圆柱体——允许用户通过指定方位、大小和位置创建圆柱体素。选择【插入】|【设计特征】|【圆柱体】命令，出现【圆柱】对话框。系统提供了 2 种创建圆柱体的方式。

（1）轴、直径和高度——允许用户通过指定方向矢量并定义直径和高度值来创建圆柱体，如图 1-57 所示。

（2）高度和圆弧——允许用户通过选择圆弧并输入高度值来创建圆柱体。如图 1-58 所示。

3．圆锥体

圆锥体——允许用户通过指定方位、大小和位置来创建圆锥体。选择【插入】|【设计特征】|

【圆锥】命令，出现【圆锥】对话框。系统提供了 5 种创建圆锥体的方式。

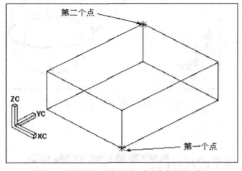

图 1-56 通过两个对角点创建长方体

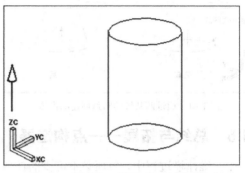

图 1-57 通过轴、直径和高度创建圆柱体

（1）直径、高度——允许用户通过定义底部直径、顶部直径和高度值来创建圆锥体，如图 1-59 所示。

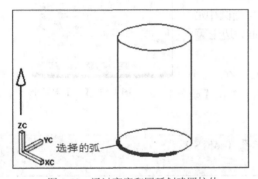

图 1-58 通过高度和圆弧创建圆柱体

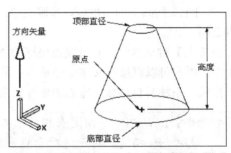

图 1-59 通过直径、高度创建圆锥体

（2）直径、半角——允许用户通过定义底部直径、顶部直径和半角的值创建圆锥体，如图 1-60 所示。

（3）底部直径、高度、半角——允许用户通过定义底部直径、高度和半顶角值创建圆锥体。

（4）顶部直径、高度、半角——允许用户通过定义顶部直径、高度和半顶角值创建圆锥体。

（5）两共轴的圆弧——允许用户通过选择两条圆弧创建圆锥体，如图 1-61 所示。

4．球体

球体——允许用户通过指定方位、大小和位置

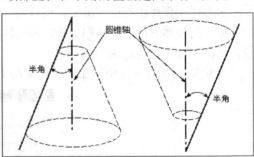

图 1-60 通过直径、半角创建圆锥体

来创建球体。选择【插入】｜【设计特征】｜【球】命令，出现【球】对话框。系统提供了 2 种创建球体的方式。

（1）直径、中心——允许用户通过定义直径值和中心创建球体。

（2）圆弧——允许用户通过选择圆弧来创建球体，如图 1-62 所示。

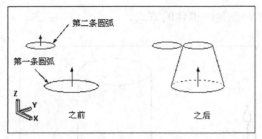

图 1-61　通过两共轴的圆弧创建圆锥体

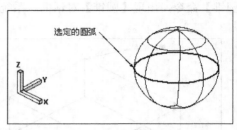

图 1-62　选择圆弧创建球体

1.4.5　总结与拓展——点构造器

在三维建模过程中，一项必不可少的任务是确定模型的尺寸与位置。而点构造器就是用来确定三维空间位置的一个基础的和通用的工具。

【点】对话框及其选项功能如图 1-63 所示。

点的捕捉方式有：（1）自动判断的点 ，（2）光标点 ，现有点 ，端点 ，控制点 ，交点 ，圆弧中心/椭圆中心/球心 ，圆弧/椭圆上的角度 ，象限点 ，点在曲线/边上 ，两点之间 。

在【点】对话框中，有设置点坐标的 XC、YC、ZC 三个文本框。用户可以直接在文本框中输入点的坐标值，单击【确定】按钮。系统会自动按照输入的坐标值生成点。

图 1-63　【点】对话框

> 提示：相对于 WCS ——指定点相对于工作坐标系（WCS）。
> 　　　绝对 ——指定相对于绝对坐标系的点。

1.4.6　总结与拓展——矢量构造器

很多建模操作都要用到矢量，用以确定特征或对象的方位。如圆柱体或圆锥体的轴线方向，拉伸特征的拉伸方向，旋转扫描特征的旋转轴线，曲线投影方向和拔斜度方向等。要确定这些矢量，都离不开矢量构造器。

矢量构造器的所有功能都集中体现在【矢量】对话框中，如图 1-64 所示。

图 1-64　【矢量】对话框

用户可以用以下 15 种方式构造一个矢量。

	（1）自动判断的矢量		（6）面的法向		（11）ZC 轴
	（2）两点		（7）平面法向		（12）XC 轴
	（3）与 XC 成一角度		（8）基准轴		（13）YC 轴
	（4）边/曲线矢量		（9）XC 轴		（14）ZC 轴
	（5）在曲线矢量上		（10）YC 轴		（15）按系数

提示：单击【矢量方向】按钮，即可在多个可选择的矢量之间切换。

矢量操作通常出现在创建其他特征时需要指定方向的时候，系统通过调出矢量构造器来创建矢量。

1.4.7　总结与拓展——工作坐标系

坐标系主要用来确定特征或对象的方位。在建模与装配过程中经常需要改变当前工作坐标系，以提高建模速度。

NX 系统中用到的坐标系主要有两种形式，分别为绝对坐标系 ACS（Absolute Coordinate System）和工作坐标系 WCS（Work Coordinate System），它们都遵守右手螺旋法则。

绝对坐标系 ACS：也称模型空间，是系统默认的坐标系，其原点位置和各坐标轴线的方向永远保持不变。

工作坐标系 WCS：是系统提供给用户的坐标系，也是经常使用的坐标系，用户可以根据需要任意移动和旋转，也可以设置属于自己的工作坐标系。

1．改变工作坐标系原点

选择【格式】|【WCS】|【原点】命令，出现【点构造器】对话框，提示用户构造一个点。指定一点后，当前工作坐标系的原点就移到了指定点的位置。

2．动态改变坐标系

选择【格式】|【WCS】|【动态】命令，当前工作坐标系如图 1-65 所示。从图上可以看出，共有 3 种动态改变坐标系的标志，即原点、移动手柄和旋转手柄，对应的有 3 种动态改变坐标系的方式。

（1）用鼠标选取原点，其方法如同改变坐标系原点。

（2）用鼠标选取移动手柄，比如选取 ZC 轴上的，则显示如图 1-66 所示的非模式对话框。这时既可以在【距离】文本框中直接输入数值来改变坐标系，也可以通过单击并按住鼠标左键沿坐标轴拖动坐标系。在拖动坐标系的过程中，为便于精确定位，可以设置捕捉单位如 5.0，这样，每隔 5.0 个单位距离，系统就会自动捕捉一次。

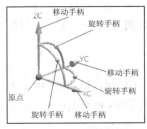

图 1-65　工作坐标系临时状态

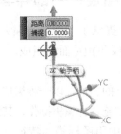

图 1-66　移动非模式对话框

（3）用鼠标选取旋转手柄，比如选取 XC-YC 平面内的，则显示如图 1-67 所示的非模式对话框。这时既可以在【角度】文本框中直接输入数值来改变坐标系，也可以通过单击并按住鼠标左键在屏幕上旋转坐标系。在旋转坐标系的过程中，为便于精确定位，可以设置捕捉单位如 45.0，这样，每隔 45.0 个单位角度，系统就会自动捕捉一次。

3．旋转工作坐标系

选择【格式】|【WCS】|【旋转】命令，出现【旋转 WCS 绕…】对话框，如图 1-68 所示。选择任意一个旋转轴，在【角度】文本框中输入旋转角度值，单击【确定】按钮，可实现旋转工作坐标系。旋转轴是 3 个坐标轴的正、负方向，旋转方向的正向由右手螺旋法则确定。

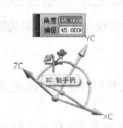
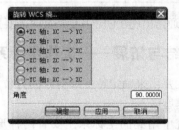

图 1-67　旋转非模式对话框　　　　　图 1-68　【旋转 WCS 绕…】对话框

4．更改 XC 方向

选择【格式】|【WCS】|【更改 XC 方向】命令，出现【点构造器】对话框，提示用户指定一点（不得为 ZC 轴上的点）。则原点与指定点在 XC-YC 平面的投影点的连线为新的 XC 轴。

5．更改 YC 方向

选择【格式】|【WCS】|【更改 YC 方向】命令，出现【点构造器】对话框，提示用户指定一点（不得为 ZC 轴上的点）。则原点与指定点在 XC-YC 平面的投影点的连线为新的 YC 轴。

6．显示

选择【格式】|【WCS】|【显示】命令，可控制图形区工作坐标系的显示与隐藏属性。

7．保存

选择【格式】|【WCS】|【保存】命令，可以将当前坐标系保存下来，以后可以引用。

> 提示：工作坐标系（WCS）用 XC、YC、ZC 表示。
> 　　　　工作坐标系（WCS）不能被修改（如删除），但允许非修改操作（如隐藏等）。
> 　　　　NX 中的术语平行（Parallel）指平行于 XC 轴，垂直（Vertical）指平行于 YC 轴。

1.4.8　总结与拓展——部件导航器

UG NX 向用户提供了一个功能强大、方便使用的编辑工具——【部件导航器】，它由主面板、依附面板、细节面板和预览面板组成。

1．主面板

它通过一个独立的窗口，以一种树形格式（特征树）可视化地显示模型中特征与特征之间的关系，并可以对各种特征实施各种编辑操作，其操作结果可通过图形区模型的更新显示出来，如图 1-69 所示。

（1）在特征树中用图标描述特征。

* ⊞、⊟ 分别代表以折叠或展开方式显示特征。
* ☑ 表示在图形区显示特征。

- □表示在图形区隐藏特征。
- 、⬚等：在每个特征名前面，以彩色图标形象地表明特征的类别。

（2）在特征树中选取特征。

- 选择单个特征：在特征名上单击鼠标左键。
- 选择多个特征：选取连续的多个特征时，单击鼠标左键选取第一个特征，在连续的最后一个特征上按住 Shift 键的同时单击鼠标左键，或者选取第一个特征后，按住<Shift>键的同时移动光标来选择连续的多个特征。选择非连续的多个特征时，单击鼠标左键选取第一个特征，按住 Ctrl 键的同时在要选择的特征名上单击鼠标左键。
- 从选定的多个特征中排除特征：按住 Ctrl 键的同时在要排除的特征名上单击鼠标左键。

图 1-69　部件导航器——主面板

（3）编辑操作快捷菜单。

利用【部件导航器】编辑特征，主要是通过操作其快捷菜单来实现的。使用鼠标右键单击要编辑的某特征名，将弹出快捷菜单。

2．依附关系面板

使用依附关系面板可以观察在主面板中选择的特征几何体的父-子关系，如图 1-70 所示。

3．细节面板

使用细节面板可以观察和编辑主面板中选择的特征参数，如图 1-71 所示。

图 1-70　部件导航器——依附关系面板

图 1-71　部件导航器——细节面板

4．预览面板

使用预览面板可以查看在主面板中选择项目的预览对象。

1.4.9　随堂练习

运用体素体征建立下列模型。

随堂练习 1

随堂练习 2

将 2 个相交的直径为 "10"，高度为 "25" 的圆柱体对象，通过布尔操作形成一个实体对象。

随堂练习 3

1.5 实战练习

运用体素特征，建立如图 1-72 所示的模型。

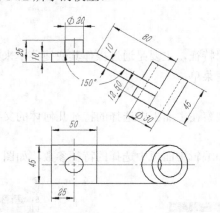

图 1-72　运用体素特征和布尔操作建立模型

1.5.1　设计理念

关于本零件设计理念的考虑如下：

（1）体素特征；

（2）操纵工作坐标系；

（3）布尔操作。

建模步骤如表 1-1 所示。

表 1-1　　　　　　　　　　　　　建模步骤

步骤一	步骤二	步骤三	步骤四	步骤五

说明：此建模方法只应用于本章。

1.5.2　操作步骤

步骤一：新建零件，建立块 1

（1）新建零件 "link.prt"。

（2）选择【插入】|【设计特征】|【长方体】命令，出现【块】对话框。在【长度】文本框中输入 50，在【宽度】文本框中输入 45，在【高度】文本框中输入 10，单击【确定】按钮。在坐标系原点（0，0，0）创建长方体，如图 1-73 所示。

图 1-73　创建长方体

步骤二：变换工作坐标系，建立块 2

（1）改变工作坐标系。

选择【格式】|【WCS】|【动态】命令。

① 选择长方体上顶面边缘的右端点，如图 1-74（a）所示；

② 双击 ZC 轴，改变方向，如图 1-74（b）所示；

③ 绕 XC 轴旋转 30°，如图 1-74（c）所示。

如图 1-74 所示，单击鼠标中键。

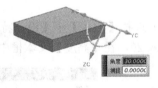

（a）设置端点　　　　　　　（b）改变 ZC 方向　　　　　　　（c）绕 XC 轴旋转

图 1-74　改变坐标系

（2）选择【插入】|【设计特征】|【长方体】命令，出现【块】对话框。在【长度】文本框中输入 45，在【宽度】文本框中输入 80，在【高度】文本框中输入 10，如图 1-75 所示，单击【确定】按钮。

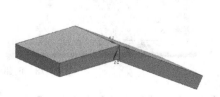

图 1-75　创建长方体

（3）选择【插入】|【组合体】|【求和】命令，出现【求和】对话框。在【目标】组中，激活【选择体】，在图形区选取目标实体，在【工具】组中，激活【选择体】，在图形区选取一个工具实体，如图 1-76 所示。

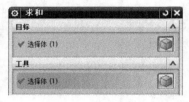 

图 1-76 布尔操作

步骤三：变换工作坐标系，建立圆柱 1

（1）改变工作坐标系。

选择【格式】|【WCS】|【动态】命令。

① 选择长方体上顶面边缘的中点，并确定 ZC 轴方向，如图 1-77（a）所示；

② 选择移动手柄，出现动态输入框，输入 20，如图 1-77（b）所示，单击鼠标中键。

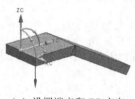 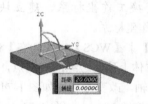

（a）设置端点和 ZC 方向　　　　　　　（b）沿 YC 方向移动

图 1-77 改变坐标系

（2）选择【插入】|【设计特征】|【圆柱】命令，出现【圆柱】对话框。在【直径】文本框中输入 20，在【高度】文本框中输入 15，如图 1-78 所示，单击【确定】按钮。

 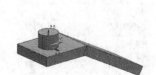

图 1-78 创建圆柱体

（3）选择【插入】|【组合体】|【求和】命令，出现【求和】对话框。在【目标】组中，激活

【选择体】，在图形区选取目标实体，在【工具】组中，激活【选择体】，在图形区选取一个工具实体。

步骤四：变换工作坐标系，建立圆柱 2

（1）改变工作坐标系的原点。

选择【格式】|【WCS】|【动态】命令。

① 选择长方体下顶面边缘的中点，并确定 ZC 轴方向，如图 1-79（a）所示；

② 选择移动手柄，出现动态输入框，输入−12.5，如图 1-79（b）所示，单击鼠标中键。

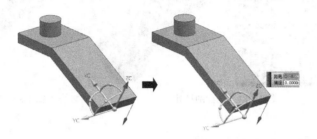

（a）选择原点，确定 ZC 轴方向 　　（b）移动原点

图 1-79　改变坐标系

（2）选择【插入】|【设计特征】|【圆柱】命令，出现【圆柱】对话框。在【直径】文本框中输入 45，在【高度】文本框中输入 45，如图 1-80 所示，单击【确定】按钮。

图 1-80　创建圆柱体

（3）选择【插入】|【组合体】|【求和】命令，出现【求和】对话框。在【目标】组中，激活【选择体】，在图形区选择目标实体，在【工具】组中，激活【选择体】，在图形区选择一个工具实体。

步骤五：建立圆柱 3

（1）选择【插入】|【设计特征】|【圆柱】命令，出现【圆柱】对话框。在【直径】文本框中输入 30，在【高度】文本框中输入 45，如图 1-81 所示，单击【确定】按钮。

（2）选择【插入】|【组合体】|【求差】命令，出现【求差】对话框。在【目标】组中，激活【选择体】，在图形区选择目标实体，在【工具】组中，激活【选择体】，在图形区选择一个工具实体，如图 1-82 所示。

图 1-81　创建圆柱体

图 1-82　运用布尔运算

步骤六：保存

选择【文件】｜【保存】命令，保存文件。

1.6 上机练习

运用体素特征完成以下模型的创建。

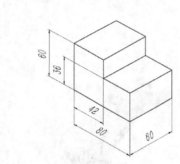

习题图 1

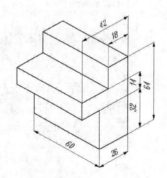

习题图 2

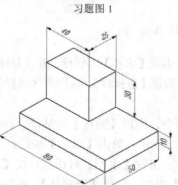

习题图 3

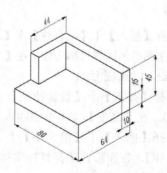

习题图 4

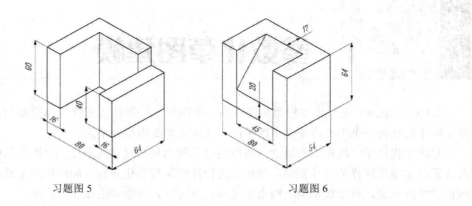

习题图 5   习题图 6

第2章 参数化草图建模

草图（Sketch）是与实体模型相关联的二维图形，一般作为三维实体模型的基础。可以在三维空间中的任何一个平面内建立草图平面，并在该平面内绘制草图。

草图中提出了"约束"的概念，可以通过几何约束与尺寸约束控制草图中的图形，可以实现与特征建模模块同样的尺寸驱动，并可以方便地实现参数化建模。应用草图工具，用户可以绘制近似的曲线轮廓，再添加精确的约束定义后，就可以完整地表达设计的意图。

建立的草图还可用实体造型工具进行拉伸、旋转和扫掠等操作，生成与草图相关联的实体模型。草图在特征树上显示为一个特征，且特征具有参数化和便于编辑修改的特点。

2.1 创建基本草图

2.1.1 案例介绍及知识要点

绘制草图，如图 2-1 所示。

知识点

（1）草图的基本概念；

（2）轮廓工具的使用方法；

（3）辅助线的使用方法；

（4）图层的使用方法。

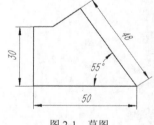

图 2-1 草图

2.1.2 操作步骤

步骤一：新建零件

新建文件"sketch.prt"。

步骤二：设置草图工作图层

选择【格式】|【图层设置】命令，出现【图层设置】对话框。设置第 21 层为草图工作层。

步骤三：新建草图

选择【插入】|【任务环境中的草图】命令，出现【创建草图】对话框。

① 在【草图平面】组中，从【平面方法】列表中选择【现有平面】选项，在图形区选择一个附着平面（XOY）；

② 在【草图方向】组中，从【参考】列表中选择【水平】选项，在图形区选择 OX 轴；

③ 在【草图原点】组中，激活【指定点】选项，在图形区选择原点，如图 2-2 所示，单击【确定】按钮，进入草图环境，草图生成器自动使视图朝向草图平面，并启动【轮廓】命令。

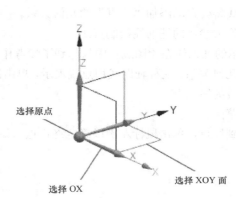

图 2-2　创建草图

步骤四：命名草图

在【草图名称】文本框中输入 SKT_21_First，按 Enter 键确认，如图 2-3 所示。

步骤五：绘制大致草图

（1）绘制水平线。

图 2-3　命名草图

选择基准坐标系的点，向右移动鼠标，看到带箭头的虚线辅助线时，单击屏幕上该辅助线大约长 50 毫米处的位置，如图 2-4 所示，在光标中出现一个 ⟶ 形状的符号，这表明系统将自动给绘制的直线添加一个"水平"的几何关系，而文本框中的数字则显示了直线的长度，单击鼠标左键以确定水平线的终止点。

> 提示：在创建草图的过程中，不需要严格定义曲线的参数，只需大概描绘出图形的形状即可，再利用相应的几何约束和尺寸约束来精确控制草图的形状，草图创建完全是参数化的过程。

（2）绘制具有一定角度的直线。

从终止点开始，绘制一条与水平直线具有一定角度的直线，单击鼠标左键以确定斜线的终止点，如图 2-5 所示。

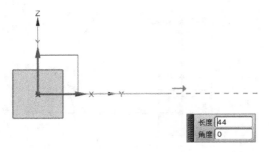
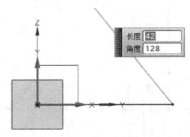

图 2-4　绘制水平线　　　　图 2-5　绘制具有一定角度的直线

（3）利用辅助线绘制垂直线。

移动光标到与前一条线段垂直的方向，系统将显示出辅助线，这种辅助线用虚线表示，如图2-6所示。单击鼠标左键以确定垂直线的终止点，当前所绘制的直线与前一条直线将会自动添加"垂直"的几何关系。

（4）利用作为参考的辅助线绘制直线。

图2-7所示的辅助线在绘图过程中只起到了参考作用，并没有自动添加几何关系，这种辅助线用点线表示，单击鼠标左键以确定水平线的终止点。

（5）封闭草图。

移动鼠标到原点，单击鼠标左键以确定终止点，如图2-8所示。

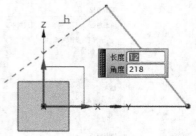

图2-6 利用辅助线绘制垂直线

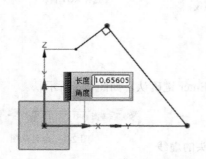

图2-7 利用作为参考的辅助线绘制直线

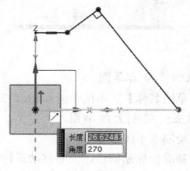

图2-8 封闭草图

步骤六：查看几何约束

单击【草图工具】中的【几何约束】按钮，如图2-9所示，查看几何约束。

提示：状态栏显示"草图需要4个约束"。

步骤七：添加尺寸约束

单击【草图工具】中的【自动判断尺寸】按钮，首先标注角度，然后标注水平线、斜线、竖直线和直径，如图2-10所示。

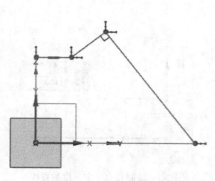

图2-9 查看几何约束

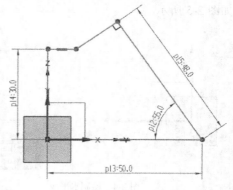

图2-10 标注尺寸

> 提示：状态栏显示"草图已完全约束"。

步骤八：结束草图绘制

单击【草图生成器】中的【完成草图】按钮🏁。

步骤九：保存

选择【文件】｜【保存】命令，保存文件。

2.1.3 步骤点评

1．对于步骤二：关于草图图层

在建立草图时，应将不同的草图对象放在不同的图层上，以便于进行草图管理，放置草图的图层为21～40层。在一个草绘平面上创建的所有曲线，被视为一个草图对象。应当在进入草图工作界面之前设置草图所要放置的层为当前工作图层。一旦进入草图工作界面，就不能设置当前工作图层了。

> 提示：在创建草图之后，可以将草图对象移至指定层。

2．对于步骤三：确保草图的正确空间方位与特征间相关性的建议

（1）从零开始建模时，将第一张草图的平面选择为工作坐标系平面，然后通过拉伸或旋转建立毛坯，最后将第二张草图的平面选择为实体表面。

（2）在已有实体上建立草图时，如果安放草图的表面为平面，可以直接选取实体表面；如果安放草图的表面为非平面，可先建相对基准面，再选基准面为草图平面。

3．对于步骤四：关于草图名称

在【草图名称】下拉列表框中会显示系统默认的草图名称，如"SKETCH _000"、"SKETCH _001"。该文本框用于显示和修改当前工作草图的名称。用户可以在文本框中指定其他的草图名称，否则系统将使用默认名称。

> 提示：输入草图名称时，第一个字符必须是字母，且系统会将输入的名称改为大写。

通常草图的命名由3部分组成：前缀、所在层号和用途，如图2-11所示。

单击文本框右侧的小箭头，系统会弹出草图列表框，其中列出了当前部件文件中所有草图的名称。

4．对于步骤五：关于轮廓工具

轮廓工具🔄可以创建首尾相连的直线和圆弧串，即上一条曲线的终点变成下一条曲线的起点，如图2-12所示。

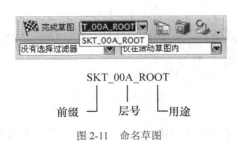

图2-11　命名草图

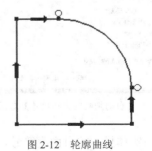

图2-12　轮廓曲线

5．对于步骤五：关于辅助线

辅助线用于指示与曲线控制点的对齐情况,这些点包括直线端点、中点、圆弧端点以及圆弧和圆的中心点。在创建曲线时,可以显示两类辅助线,如图 2-13 所示。

（1）辅助线 A 采用虚线表示,是自动判断的约束的预览部分。如果此时所绘线段能捕捉到这条辅助线,则系统会自动添加"垂直"的几何关系。

（2）辅助线 B 采用点线表示,它仅仅提供了一个与另一个端点的参考,如果所绘制线段终止于这个端点,则不会添加"中点"的几何关系。

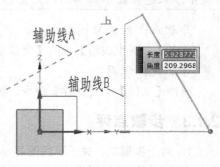

图 2-13　辅助线

> 提示：虚线辅助线表示可能的竖直约束,点线辅助线表示与中点对齐时的情形。

6．对于步骤五：关于自动判断约束

应尽量利用自动判断约束绘制草图,这样可以在绘制草图的同时创建必要的几何约束,如水平、垂直、平行、正交、相切、重合、点在曲线上等。

（1）单击【草图工具】工具栏上的【创建自动判断约束】按钮，启动自动判断约束。

（2）自动判断约束是在绘制草图时系统智能捕捉到用户的设计意图,自动判断约束是由自动判断约束设置决定的。单击【草图工具】工具栏上的【自动判断约束】按钮，出现【自动判断约束和尺寸】对话框,如图 2-14 所示。

在构造草图时,可以通过设置【自动判断约束和尺寸】对话框中的一个或多个选项来完成 NX 自动判断的约束设置。

7．对于步骤六：关于自由度箭头

自由度（DOF）箭头用来标记草图上可自由移动的点,如图 2-15 所示。

图 2-14　【自动判断约束和尺寸】对话框

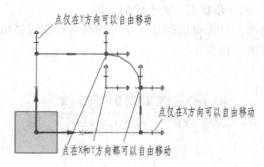

图 2-15　自由度箭头

各草图实体显示的自由度符号,表明当前存在哪些自由度没有定义。有 X、Y 方向两个自

由度，——有 X 方向一个自由度，——有 Y 方向一个自由度，随着几何约束和尺寸约束的添加，自由度符号逐步减少。当草图全部约束以后，自由度符号将全部消失。

8．对于步骤七：关于草图的定义状态

一般来说，草图可以处于欠约束草图、充分约束草图和过约束草图 3 种状态。

（1）欠定义：草图中某些元素的尺寸或几何关系没有定义。欠定义的元素使用褐色表示。拖动这些欠定义的元素，可以改变它们的大小或位置，如图 2-16（a）所示。如果没有标注角度的尺寸，则斜线圆显示为褐色。当用户使用鼠标拖动斜线并移动鼠标时，由于斜线角度的大小没有明确给定，因此可以改变斜线的方向。

欠约束草图：草图上尚有自由度箭头存在，状态行显示"草图需要 n 个约束"。

（2）完全定义：草图中所有元素都已经通过尺寸或几何关系进行了约束，完全定义的草图中的所有元素都使用绿颜色表示，如图 2-16（b）所示。一般来说，用户不能通过拖动完全定义草图实体来改变大小。

充分约束草图：草图上已无自由度箭头存在，状态行显示"草图已完全约束"。

（3）过定义：草图中的某些元素的尺寸或几何关系过多，导致对一个元素有多种冲突的约束。过定义的草图约束使用红颜色表示，草图实体用灰色表示，如图 2-16（c）所示。由于当前草图已经完全定义，如果试图标注两个垂直线的角度（图中所示为 90°）。

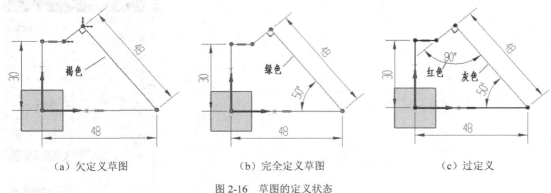

（a）欠定义草图　　　　　　　　　（b）完全定义草图　　　　　　　　（c）过定义

图 2-16　草图的定义状态

过约束草图：多余约束被添加，草图曲线和尺寸变成黄色，状态行显示"草图包含过约束几何体"。

2.1.4　总结与拓展——草图基本知识

1．使用草图的目的和使用草图的时间

（1）曲线形状较复杂，需要参数化驱动时。

（2）具有潜在的修改和不确定性时。

（3）使用 NX 的成型特征无法构造形状时。

（4）需要对曲线进行定位或重定位时。

（5）模型形状较容易由拉伸、旋转或扫掠建立时。

2．草图的构成

在每一幅草图中，一般都包含下列几类信息。

（1）草图实体：由线条构成的基本形状，草图中的线段、圆等元素均可以称为草图实体。

（2）几何关系：表明草图实体或草图实体之间的关系，例如图 2-17 中，两个直线"垂直"，直线"水平"，这些都是草图中的几何关系。

（3）尺寸：标注草图实体大小的尺寸，尺寸可以用来驱动草图实体和形状变化，如图 2-17 所示，当尺寸数值（例如 48）改变时可以改变外形的大小，因此草图中的尺寸是驱动尺寸。

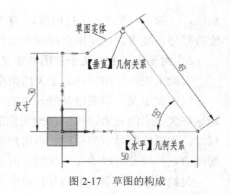

图 2-17　草图的构成

2.1.5　总结与拓展——层操作

"层"的相关操作位于【格式】菜单和【实用工具】工具栏上，如图 2-18 所示。

NX 提供层给用户使用，以控制对象的可见性和可选性。

"层"是系统定义的一种属性，就像颜色、线型和线宽一样，是所有对象都有的。

选择【格式】|【图层设置】命令，出现【图层设置】对话框，如图 2-19 所示。该对话框用于设置层的状态。

图 2-18　【格式】菜单和【实用工具】工具栏　　　　图 2-19　【图层设置】对话框

1．设置工作层

在【图层设置】对话框的【工作图层】文本框中输入层号（1~256），按 Enter 键，则该层变成工作层，原工作层变成可选层，单击【关闭】按钮，完成设置。

> 提示：设置工作层的最简单方法是在【实用工具】工具栏的工作层列表框 3 ▾ 中直接输入层号并按 Enter 键。

2．图层显示

【图层】下拉列表框中显示的层，可以是【所有图层】、【含有对象的图层】、【所有可选图层】和【所有可见图层】，如图 2-20 所示。

3．图层控制

在 NX 中，系统共有 256 层。其中第 1 层被作为默认工作层，256 层中的任何一层都可以被设置为下面 4 种状态中的一种。

- 设为可选——该层上的几何对象和视图是可选择的（必可见的）。
- 设为工作层——是对象被创建的层，该层上的几何对象和视图是可见的和可选的。
- 设为仅可见——该层上的几何对象和视图是只可见的，但不可选择。
- 设为不可见——该层上的几何对象和视图是不可见的（必不可选择的）。

在【图层设置】对话框的【图层控制】组中可以设置图层的状态，且每个层只能有一种状态，如图 2-21 所示。

图 2-20　层下拉列表框的显示设置

图 2-21　图层状态的设置

4．层的分类

NX 已经将 256 层进行了分类，如表 2-1 所示。

表 2-1　　　　　　　　　　　　　　　层的标准分类

层 的 分 配	层 类 名	说 明
1～10	SOLIDS	实体层
11～20	SHEETS	片体层
21～40	SKECHES	草图层
41～60	CURVES	曲线层
61～80	DATUMS	基准层
91～256	未指定	

（1）选择【格式】|【图层类别】命令，出现【图层类别】对话框。在【类别】文本框中输入层类别名，如 Temp，如图 2-22 所示。

（2）单击【创建/编辑】按钮，出现【图层类别】对话框。在【范围或类别】文本框中输入分类范围，如 101-120，如图 2-23 所示，按 Enter 键。或在【图层】列表框中选择层，单击【添加】按钮。

提示：按住并拖动鼠标可连续选择多个层。

（3）移动至层。

选择【格式】|【移动至图层】命令，出现【类选择】对话框。选择要移动的对象，单击【确定】按钮，出现【图层移动】对话框。在【目标图层或类别】文本框中输入层名，如图 2-24 所示，单击【应用】按钮，则选择移动的对象被移动至指定的层。

图 2-22　【图层类别】对话框

图 2-23　【图层类别】对话框

图 2-24　【图层移动】对话框

2.1.6　随堂练习

绘制如下草图。

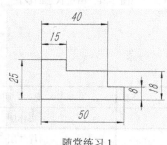

随堂练习 1

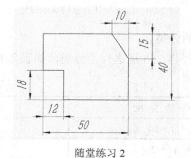

随堂练习 2

2.2　绘制底座草图

2.2.1　案例介绍及知识要点

绘制底座草图，如图 2-25 所示。

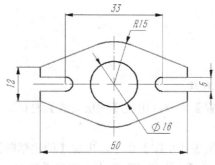

图 2-25 底座草图

知识点

（1）对称零件的绘制方法；

（2）添加对称约束的方法。

2.2.2 草图分析

1. 尺寸分析

（1）尺寸基准如图 2-26（a）所示。

（2）定位尺寸如图 2-26（b）所示。

（3）定形尺寸如图 2-26（c）所示。

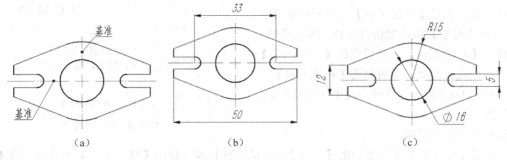

图 2-26 尺寸分析

2. 线段分析

（1）已知线段如图 2-27（a）所示。

（2）中间线段如图 2-27（b）所示。

（3）连接线段如图 2-27（c）所示。

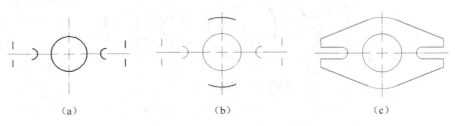

图 2-27 线段分析

2.2.3　操作步骤

步骤一：建立零件

新建文件"base.prt"。

步骤二：设置草图工作图层

选择【格式】|【图层设置】命令，出现【图层设置】对话框。设置第 21 层为草图工作层。

步骤三：新建草图

选择【插入】|【任务环境中的草图】命令，出现【创建草图】对话框。

① 在【草图平面】组中，从【平面方法】列表中选择【现有平面】选项，在图形区选择一个附着平面（XOY）；

② 在【草图方向】组中，从【参考】列表中选择【水平】选项，在图形区选择 OX 轴；

③ 在【草图原点】组中，激活【指定点】选项，在图形区选择原点。

单击【确定】按钮，进入草图环境，草图生成器自动使视图朝向草图平面，并启动【轮廓】命令。

步骤四：命名草图

在【草图名称】列表框中输入 SKT_21_Base。

步骤五：绘制草图

（1）绘制基准线。

利用【草图工具】工具栏中的【直线】功
能创建直线，利用【草图工具】工具栏中的【转
换至/自参考对象】功能将直线转换为构造线，
接着利用【草图工具】工具栏中的【几何约束】
功能添加几何约束，最后利用【草图工具】工
具栏中的【自动判断尺寸】功能添加尺寸约束，
如图 2-28 所示。

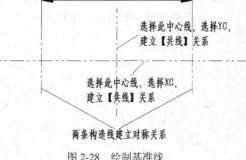

图 2-28　绘制基准线

（2）绘制已知线段。

利用【草图工具】工具栏中的【直线】功能创建直线，利用【草图工具】工具栏中的【圆】功能创建圆，接着利用【草图工具】工具栏中的【几何约束】功能添加几何约束，最后利用【草图工具】工具栏中的【自动判断尺寸】功能添加尺寸约束，如图 2-29 所示。

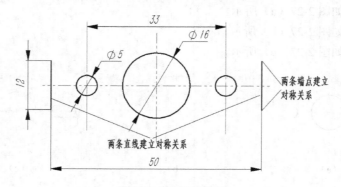

图 2-29　绘制已知线段

（3）明确中间线段的连接关系，绘制中间线段。

利用【草图工具】工具栏中的【圆】○功能创建圆，接着利用【草图工具】工具栏中的【几何约束】功能添加几何约束，最后利用【草图工具】工具栏中的【自动判断尺寸】功能添加尺寸约束，如图2-30所示。

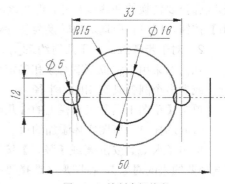

图2-30 绘制中间线段

（4）明确连接线段的连接关系，绘制连接线段。

利用【草图工具】工具栏中的【直线】功能创建直线，接着利用【草图工具】工具栏中的【几何约束】功能添加几何约束，最后利用【草图工具】工具栏中的【自动判断尺寸】功能添加尺寸约束，如图2-31所示。

（5）检查并整理图形。

利用【草图工具】工具栏中的【快速修剪】功能裁剪相关曲线，如图2-32所示。

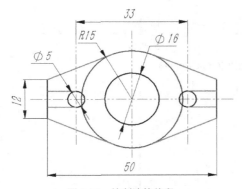

图2-31 绘制连接线段

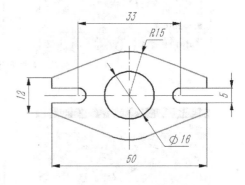

图2-32 完成草图

步骤六：结束草图的绘制

单击【草图生成器】中的【完成草图】按钮。

步骤七：保存

选择【文件】|【保存】命令，保存文件。

2.2.4 步骤点评

1．对于步骤五：关于构造线

在为草图对象添加几何约束和尺寸约束的过程中，有些草图对象是作为基准、定位、约束使用的，而不作为草图曲线，这时应将这些曲线转换为参考的曲线。有些草图尺寸可能导致过约束，这时应将这些草图尺寸转换为参考的尺寸（如果需要参考的草图曲线和草图尺寸，可以再次激活）。

单击【草图工具】工具栏上的【转换至/自参考对象】按钮，出现【转换至/自参考对象】对话框，如图2-33所示。

当要将草图中的曲线或尺寸转化为参考对象时，应先在图

图2-33 【转换至/自参考对象】对话框

形区选择要转换的曲线或尺寸，再在该对话框中选择【参考曲线或尺寸】单选按钮，最后单击【应用】按钮，即可将所选对象转换为参考对象。

2．对于步骤五：关于几何约束⚄

几何约束用于定位草图对象和确定草图对象之间的相互关系。例如，实现两条直线垂直或平行，或者多个圆弧具有相同的半径。

单击【草图工具】工具栏上的【几何约束】按钮⚄，出现【几何约束】对话框。

（1）选择单一草图实体添加约束。

单击【水平】按钮━或【竖直】按钮┃，如图 2-34 所示，在【要约束的几何体】组中，激活【选择要约束的对象】，在图形区选择要创建约束的曲线，即可添加约束。

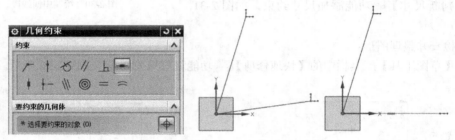

（a）为单一草图实体添加约束（水平约束）

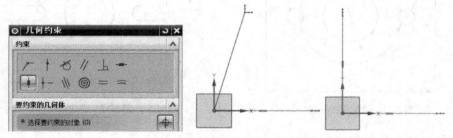

（b）为单一草图实体添加约束（竖直约束）

图 2-34　选择单一草图实体添加约束

（2）选择多个草图实体添加约束。

单击【相切】按钮⚅，如图 2-35 所示，在【要约束的几何体】组中，激活【选择要约束的对象】，在图形区选择直线，激活【选择要约束到的对象】，在图形区选择圆，即可添加相切约束。

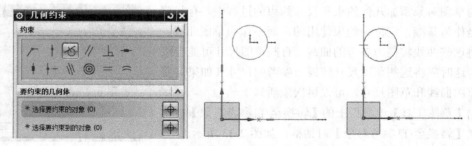

图 2-35　选择多个草图实体添加约束

提示：对象之间施加几何约束之后，可导致草图对象的移动。移动规则是：如果所约束的对象都没有施加任何约束，则以最先创建的草图对象为基准。如果所约束的对象中已存在其他约束，则以约束的对象为基准。

各种约束类型及其代表含义如表 2-2 所示。

表 2-2 各种约束类型及其代表含义

约 束 类 型	表 示 含 义
↴固定	将草图对象固定在某个位置，点固定其所在位置，线固定其角度，圆和圆弧固定其圆心或半径
╱重合	约束两个或多个点重合（选择点、端点或圆心）
⦚共线	约束两条或多条直线共线
┃点在曲线上	约束所选取的点在曲线上（选择点、端点或圆心和曲线）
┼中点	约束所选取的点在曲线中点的法线方向上（选择点、端点或圆心和曲线）
➙水平	约束直线为水平的直线（选择直线）
▮竖直	约束直线为垂直的直线（选择直线）
∥平行	约束两条或多条直线平行（选择直线）
┗垂直的	约束两条直线垂直（选择直线）
＝等长度	约束两条或多条直线等长度（选择直线）
↔固定长度	约束两条或多条直线固定长度（选择直线）
∠恒定角度	约束两条或多条直线固定角度（选择直线）
◎同心的	约束两个或多个圆、圆弧或椭圆的圆心同心（选择圆、圆弧或椭圆）
⊙相切	约束直线和圆弧或两条圆弧相切（选择直线、圆弧）
⟨等半径	约束两个或多个圆、圆弧半径相等（选择圆、圆弧）

3．对于步骤五：关于对称

使用【设为对称】命令可在草图中约束两个点或曲线相对于中心线对称，并自动创建对称约束。

单击【草图操作】工具栏上的【设为对称】按钮🔲，出现【设为对称】对话框。分别选择【主对象】、【次对象】和【对称中心线】，如图 2-36 所示，建立对称关系。

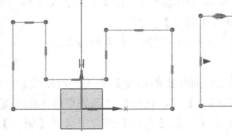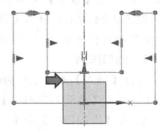

图 2-36 设为对称操作

2.2.5 总结与拓展——镜像曲线

使用【镜像曲线】命令，通过指定的草图直线来制作草图几何图形的镜像副本。

选择【插入】|【来自曲线集的曲线】|【镜像曲线】命令，出现【镜像曲线】对话框。

① 激活【选择对象】组，在图形区选择要镜像的曲线；

② 激活【中心线】组，在图形区选择镜像线；

③ 在【设置】组中，选中【转换要引用的中心线】复选框。

如图 2-37 所示，单击【应用】按钮。

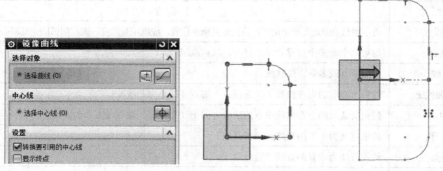

图 2-37　镜像曲线的操作

NX 将镜像几何约束 ⊪ 应用到所有几何图形，并将中心线转换成参考曲线。

2.2.6　总结与拓展——阵列曲线

使用【阵列曲线】命令可对与草图平面平行的边、曲线和点设置阵列。

1．线性阵列

选择【插入】|【来自曲线集的曲线】|【阵列曲线】命令，出现【阵列曲线】对话框。

① 激活【要阵列的对象】组，在图形区选择要阵列的对象；

② 在【阵列定义】组中，从【布局】列表中选择【线性】选项；

③ 激活【方向 1】，在图形区选择 X 基准轴，从【间距】列表中选择【数量和节距】选项，在【数量】文本框中输入 3，在【节距】文本框中输入 100；

④ 选中【使用方向 2】复选框，在图形区选择 Y 基准轴，从【间距】列表中选择【数量和节距】选项，在【数量】文本框中输入 2，在【节距】文本框中输入 80。

如图 2-38 所示，单击【确定】按钮。

NX 将线性阵列几何约束 ⊞ 应用到所有几何图形。

2．圆形阵列

选择【插入】|【来自曲线集的曲线】|【阵列曲线】命令，出现【阵列曲线】对话框。

① 激活【要阵列的对象】组，在图形区选择要阵列的对象；

② 在【阵列定义】组中，从【布局】列表中选择【圆形】选项；

③ 激活【旋转点】，指定旋转点；

④ 在【角度方向】组中，从【间距】列表中选择【数量和节距】选项，在【数量】文本框中输入 6，在【节距角】文本框中输入 360/6。

如图 2-39 所示，单击【确定】按钮。

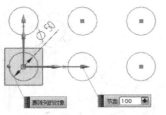
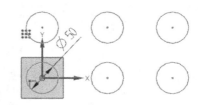

图 2-38　线性阵列的操作

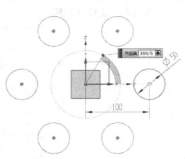
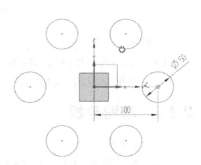

图 2-39　圆形阵列的操作

NX 将圆形阵列几何约束✿应用到所有几何图形。

2.2.7　随堂练习

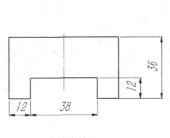

随堂练习 3

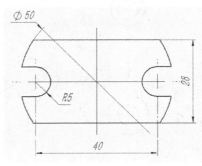

随堂练习 4

2.3 绘制定位板草图

2.3.1　案例介绍及知识要点

绘制定位板草图，如图 2-40 所示。

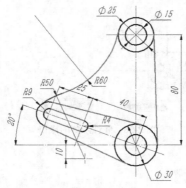

图 2-40　定位板草图

知识点

（1）绘制基本几何图形的方法；

（2）添加草图约束的方法。

2.3.2　草图分析

1. 尺寸分析

（1）尺寸基准如图 2-41（a）所示。

（2）定位尺寸如图 2-41（b）所示。

（3）定形尺寸如图 2-41（c）所示。

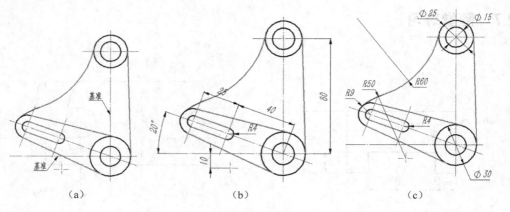

（a）　　　　　　　　　　　（b）　　　　　　　　　　　（c）

图 2-41　尺寸分析

2．线段分析

（1）已知线段如图 2-42（a）所示。

（2）中间线段如图 2-42（b）所示。

（3）连接线段如图 2-42（c）所示。

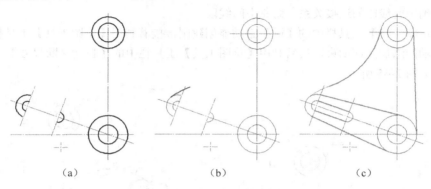

（a）　　　　　　　　　　（b）　　　　　　　　　　（c）

图 2-42　线段分析

2.3.3　操作步骤

步骤一：建立零件

新建文件"location.prt"。

步骤二：设置草图工作图层

选择【格式】|【图层设置】命令，出现【图层设置】对话框。设置第 21 层为草图工作层。

步骤三：新建草图

选择【插入】|【任务环境中的草图】命令，出现【创建草图】对话框。

① 在【草图平面】组中，从【平面方法】列表中选择【现有平面】选项，在图形区选择一个附着平面（XOY）；

② 在【草图方向】组中，从【参考】列表中选择【水平】选项，在图形区选择 OX 轴；

③ 在【草图原点】组中，激活【指定点】选项，在图形区选择原点。

单击【确定】按钮，进入草图环境，草图生成器自动使视图朝向草图平面，并启动【轮廓】命令。

步骤四：命名草图

在【草图名称】列表框中输入 SKT_21_Fixed。

步骤五：绘制草图

（1）绘制基准线。

利用【草图工具】工具栏中的【直线】⁄功能创建直线，利用【草图工具】工具栏中的【转换至/自参考对象】功能将直线转换为构造线，接着利用【草图工具】工具栏中的【几何约束】功能添加几何约束，最后利用【草图工具】工具栏中的【自动判断尺寸】功能添加尺寸约束，如图 2-43 所示。

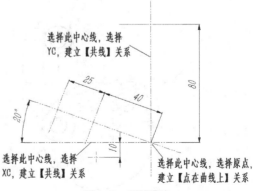

图 2-43　画基准线

（2）绘制已知线段。

利用【草图工具】工具栏中的【直线】／功能创建直线，利用【草图工具】工具栏中的【圆】○功能创建圆，接着利用【草图工具】工具栏中的【几何约束】／功能添加几何约束，最后利用【草图工具】工具栏中的【自动判断尺寸】功能添加尺寸约束，如图 2-44 所示。

（3）明确中间线段的连接关系，绘制中间线段。

利用【草图工具】工具栏中的【圆】○功能创建圆，接着利用【草图工具】工具栏中的【几何约束】／功能添加几何约束，最后利用【草图工具】工具栏中的【自动判断尺寸】功能添加尺寸约束，如图 2-45 所示。

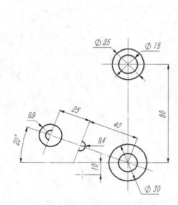

图 2-44　绘制已知线段

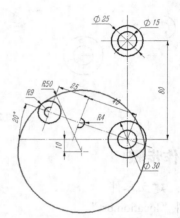

图 2-45　绘制中间线段

（4）明确连接线段的连接关系，绘制连接线段。

利用【草图工具】工具栏中的【直线】／功能创建直线，利用【草图工具】工具栏中的【圆】○功能创建圆，接着利用【草图工具】工具栏中的【几何约束】／功能添加几何约束，最后利用【草图工具】工具栏中的【自动判断尺寸】功能添加尺寸约束，如图 2-46 所示。

（5）检查并整理图形。

利用【草图工具】工具栏中的【快速修剪】，裁剪相关曲线，如图 2-47 所示。

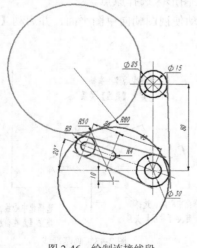

图 2-46　绘制连接线段

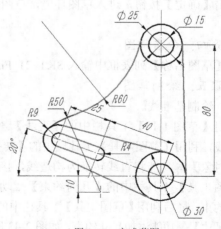

图 2-47　完成草图

步骤六：结束草图绘制

单击【草图生成器】中的【完成草图】按钮 🏁。

步骤七：保存

选择【文件】|【保存】命令，保存文件。

2.3.4　步骤点评

1．对于步骤五：添加约束技巧

（1）绘制中心线，如图 2-48 所示。

（2）添加几何约束。

利用【草图工具】工具栏中的【几何约束】，添加几何约束，如图 2-49 所示。

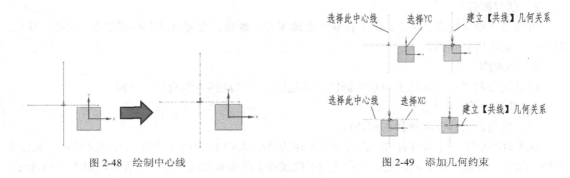

图 2-48　绘制中心线　　　　　　　图 2-49　添加几何约束

（3）创建基本圆，如图 2-50 所示。

（4）添加几何约束。

利用【草图工具】工具栏中的【几何约束】，添加几何约束，如图 2-51 所示。

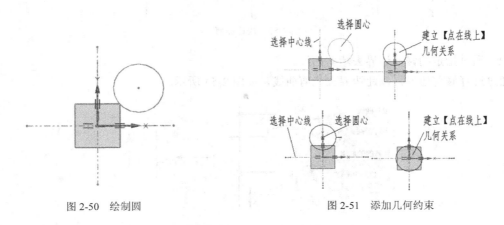

图 2-50　绘制圆　　　　　　　　　图 2-51　添加几何约束

2．对于步骤五：关于快速拾取

运用快速拾取选择多个重叠在一起的对象时，将鼠标在此位置停留一会儿，当屏幕上十字光标后面多出"…"时，单击鼠标左键，出现【快速拾取】对话框，在对话框中选择需要选择的对象即可，如图 2-52 所示。

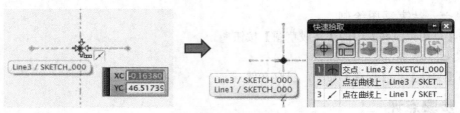

图 2-52　快速拾取

2.3.5　总结与拓展——绘制基本几何图形

1．创建直线

绘制水平、垂直或任意角度的直线。

2．创建圆弧

可通过 3 点（端点、端点、弧上任意一点或半径）画弧，也可通过中心和端点（中心、端点、端点或扫描角度）画弧。

3．创建圆

通过圆心和半径（或圆上一点）画圆，或通过 3 点（或两点和直径）画圆。

4．快速裁剪

（1）快速裁剪或删除选择的曲线段。

以所有的草图对象为修剪边，裁剪掉被选择的最小单元段。如果按住鼠标左键并拖动，光标变为铅笔状时，可通过徒手画曲线，则和该徒手曲线相交的所有曲线段都被裁剪掉，如图 2-53 所示。

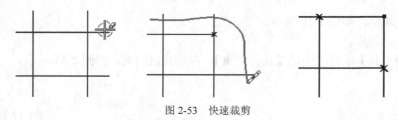

图 2-53　快速裁剪

（2）通过指定的修剪边界去裁剪曲线。

通过选择修剪边界，以此边界去裁剪曲线，如图 2-54 所示。

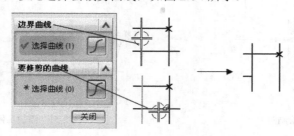

图 2-54　指定修剪边界裁剪曲线

5．圆角

（1）创建两个曲线对象的圆角。

分别选择两个曲线对象，或将光标选择球指向两个曲线的交点处同时选择两个对象，然后拖动光标确定圆角的位置和大小（半径以步长 0.5 跳动），如图 2-55 所示。

（2）通过徒手曲线选择圆角边界。

发出圆角命令后，如果按住鼠标左键并拖动，光标变为铅笔状时，可通过徒手画曲线选择倒角边，则圆弧切点位于徒手曲线和第一倒角线交点处，如图 2-56 所示。

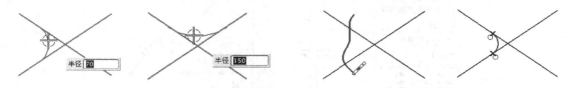

图 2-55　创建两个曲线的圆角　　　　　　　图 2-56　通过徒手曲线选择圆角边界

（3）是、否修剪圆角边界。

【圆角】工具栏上的 按钮可用于裁剪圆角的两曲线边，按钮用于取消裁剪圆角的两曲线边，如图 2-57 所示。

（4）是、否修剪第三边。

选择两条边后，再选择第三边，可约束圆角半径。【圆角】工具栏中的按钮可用于删除第三条曲线，按钮用于取消删除第三条曲线，如图 2-58 所示。

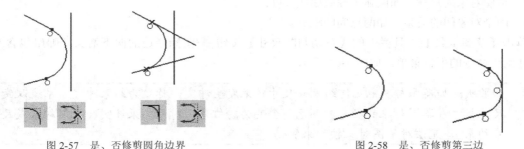

图 2-57　是、否修剪圆角边界　　　　　　　图 2-58　是、否修剪第三边

提示：圆角大小的修改，可通过标注圆角半径尺寸来操作。通过修改半径尺寸，即可改变圆角半径的大小。

2.3.6　总结与拓展——显示/移除约束

1．显示所有约束

单击【草图工具】工具栏上的【显示所有约束】按钮，将显示施加到草图的所有几何约束，如图 2-59 所示。再次单击【草图约束】工具栏上的【显示所有约束】按钮，将不显示施加到草图的所有几何约束。

2．显示/移除约束

单击【草图工具】工具栏上的【显示/移除约束】按钮，出现【显示/移除约束】对话框，如图 2-60 所示。通过设置该对话框可显示草图对象的几何约束，并可移去指定的约束或移去列表中

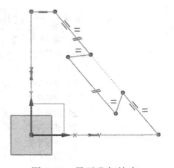

图 2-59　显示几何约束

的所有约束。

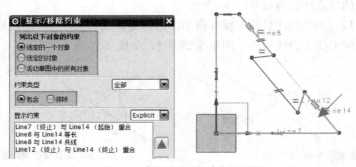

图 2-60　【显示/移除约束】对话框

> 技巧：选中显示的约束，双击可以移除所选约束，单击【移除所列的】按钮可以移除所有约束。

2.3.7　总结与拓展——尺寸约束

尺寸约束（也称为驱动尺寸）可建立：

- 草图对象的尺寸，如圆弧半径或曲线长度；
- 两个对象间的关系，如两点间的距离。

单击【草图工具】工具栏上的【自动判断尺寸】按钮 图标旁边的向下箭头，弹出包含 9 种尺寸约束命令的下拉菜单，如图 2-61 所示。

> 提示：如果所施加尺寸与其他几何约束或尺寸约束发生冲突，称之为约束冲突。系统改变尺寸标注和草图对象的颜色，颜色将会变为粉红色。对于约束冲突（几何约束或尺寸约束），无法对草图对象按约束驱动。

选择任何一个尺寸标注命令，提示栏提示"选择要标注尺寸的对象或选择要编辑的尺寸"，选择对象后，移动鼠标指定一点（单击鼠标左键）以定位尺寸的放置位置，此时弹出一尺寸表达式窗口，如图 2-62 所示。指定尺寸表达式的值，则尺寸驱动草图对象至指定的值，用鼠标拖动尺寸可调整尺寸的放置位置，单击鼠标中键或再次单击所选择的尺寸图标完成尺寸标注。在一个尺寸标注上双击时，会弹出一尺寸表达式窗口，可以编辑一个已有的尺寸标注。

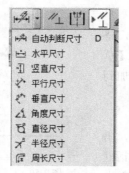

图 2-61　尺寸约束命令下拉菜单

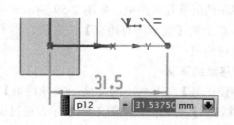

图 2-62　尺寸表达式窗口

2.3.8 随堂练习

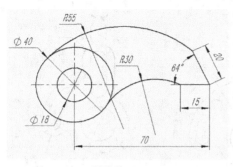

随堂练习 5

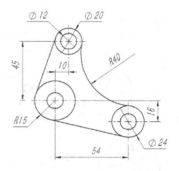

随堂练习 6

2.4 实战练习

熟练掌握二维草图的绘制方法与技巧，建立如图 2-63 所示的草图。

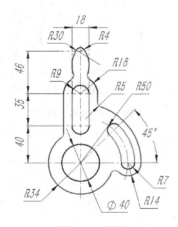

图 2-63 草图

2.4.1 草图分析

1．尺寸分析

（1）尺寸基准如图 2-64（a）所示。

（2）定位尺寸如图 2-64（b）所示。

（3）定形尺寸如图 2-64（c）所示。

2．线段分析

（1）已知线段如图 2-65（a）所示。

（2）中间线段如图 2-65（b）所示。

（3）连接线段如图 2-65（c）所示。

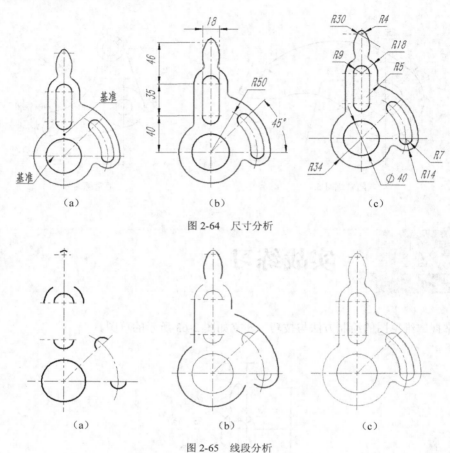

图 2-64　尺寸分析

图 2-65　线段分析

2.4.2　操作步骤

步骤一：新建文件

新建文件 "knob.prt"。

步骤二：设置草图工作图层

选择【格式】|【图层设置】命令，出现【图层设置】对话框。设置第 21 层为草图工作层。

步骤三：新建草图

选择【插入】|【任务环境中的草图】命令，出现【创建草图】对话框。

① 在【草图平面】组中，从【平面方法】列表中选择【现有平面】选项，在图形区选择一个附着平面（XOY）；

② 在【草图方向】组中，从【参考】列表中选择【水平】选项，在图形区选择 OX 轴；

③ 在【草图原点】组中，激活【指定点】选项，在图形区选择原点。

单击【确定】按钮，进入草图环境，草图生成器自动使视图朝向草图平面，并启动【轮廓】命令。

步骤四：命名草图

在【草图名称】文本框中输入 SKT_21_knob。

步骤五：绘制草图

（1）绘制基准线。

利用【草图工具】工具栏中的【直线】✓功能创建直线，利用【草图工具】工具栏中的【转换至/自参考对象】🔀功能将直线转换为构造线，接着利用【草图工具】工具栏中的【几何约束】🖉功能添加几何约束，最后利用【草图工具】工具栏中的【自动判断尺寸】🖈功能添加尺寸约束，如图 2-66 所示。

（2）绘制已知线段。

利用【草图工具】工具栏中的【圆】○功能创建圆，接着利用【草图工具】工具栏中的【几何约束】🖉功能添加几何约束，最后利用【草图工具】工具栏中的【自动判断尺寸】🖈功能添加尺寸约束，如图 2-67 所示。

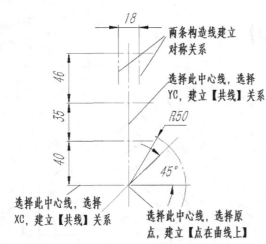

图 2-66 绘制基准线

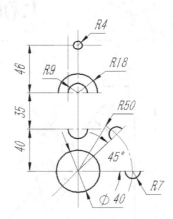

图 2-67 绘制已知线段

（3）明确中间线段的连接关系，绘制中间线段。

利用【草图工具】工具栏中的【直线】✓功能创建直线，利用【草图工具】工具栏中的【圆弧】✏功能创建圆弧，接着利用【草图工具】工具栏中的【几何约束】🖉功能添加几何约束，最后利用【草图工具】工具栏中的【自动判断尺寸】🖈功能添加尺寸约束，如图 2-68 所示。

（4）明确连接线段的连接关系，绘制连接线段。

利用【草图工具】工具栏中的【直线】✓功能创建直线，利用【草图工具】工具栏中的【圆弧】✏功能创建圆弧，利用【草图工具】工具栏中的【圆角】✏功能创建圆角，接着利用【草图工具】工具栏中的【几何约束】🖉功能添加几何约束，最后利用【草图工具】工具栏中的【自动判断尺寸】🖈功能添加尺寸约束，如图 2-69 所示。

步骤六：结束草图绘制

单击【草图生成器】中的【完成草图】按钮🖉。

步骤七：保存

选择【文件】|【保存】命令，保存文件。

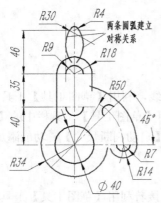

图 2-68 绘制中间线段

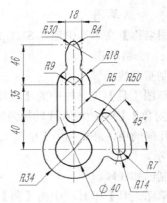

图 2-69 绘制连接线段

2.5 上机练习

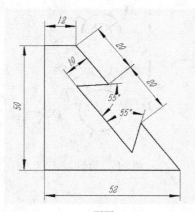

习题图 1

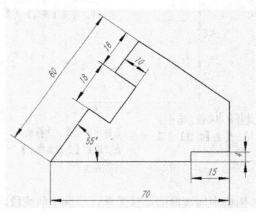

习题图 2

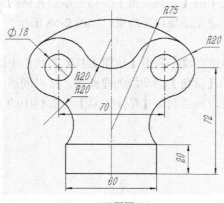

习题图 3

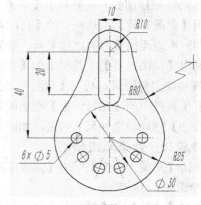

习题图 4

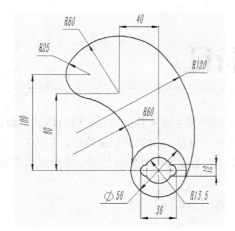

习题图 5

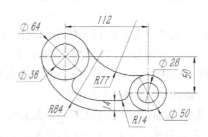

习题图 6

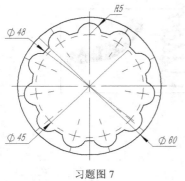

习题图 7

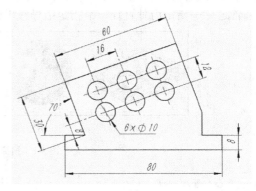

习题图 8

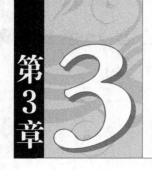

第3章 创建扫掠特征

扫掠特征是一种利用截面线串移动而将所扫掠过的区域生成实体的方法。扫掠特征与截面线串和引导线串具有相关性，通过编辑截面线串和引导线串，可以自动更新扫掠特征，扫掠特征与已存在的实体可以进行布尔操作。作为截面线串和引导线串的曲线可以是实体边缘、二维曲线或草图等。

扫掠特征类型包括以下几种。

- 拉伸特征——沿线性方向和规定距离扫描，如图 3-1（a）所示。
- 旋转特征——绕一规定的轴旋转，如图 3-1（b）所示。
- 沿引导线扫掠——沿一引导线扫描，如图 3-1（c）所示。
- 管道——指定内外直径，沿指定引导线串的扫描，如图 3-1（d）所示。

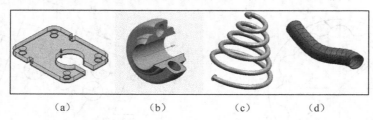

图 3-1　扫掠特征类型

3.1　拉伸操作

3.1.1　案例介绍及知识要点

应用拉伸功能创建模型，如图 3-2 所示。

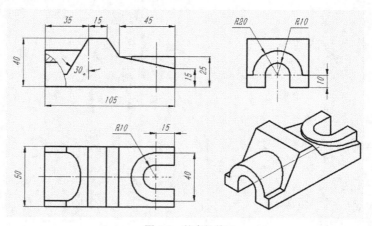

图 3-2　基本拉伸

知识点

（1）零件建模的基本规则；

（2）创建拉伸特征的方法。

3.1.2 设计理念

关于本零件设计理念的考虑如下：

（1）本零件是对称零件；

（2）长度尺寸为35，且必须能够在30~50的范围内正确变化；

（3）2个槽口为完全贯通。

建模步骤如表3-1所示。

表3-1　　　　　　　　　　　　　　　　建模步骤

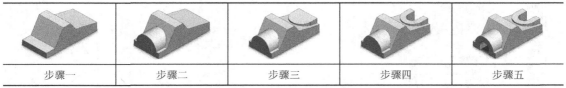

步骤一	步骤二	步骤三	步骤四	步骤五

3.1.3 操作步骤

步骤一：新建文件，建立拉伸基体

（1）新建文件"Base.prt"。

（2）在ZOY平面绘制草图，如图3-3所示。

（3）选择【插入】|【设计特征】|【拉伸】命令，出现【拉伸】对话框。

① 设置选择意图规则：相连曲线；

② 在【截面】组中激活【选择曲线】，在图形区选择曲线；

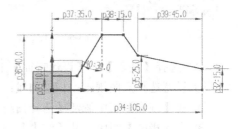

图3-3　绘制草图

③ 在【极限】组中，从【结束】列表中选择【对称值】选项，在【距离】文本框中输入25；

④ 在【布尔】组中，从【布尔】列表中选择【无】选项。

如图3-4所示，单击【确定】按钮。

图3-4　拉伸基体

步骤二：拉伸到选定对象

（1）在左端面绘制草图，如图3-5所示。

　　（2）选择【插入】|【设计特征】|【拉伸】命令，出现【拉伸】
对话框。

　　① 设置选择意图规则：相连曲线；

　　② 在【截面】组中激活【选择曲线】，在图形区选择曲线；

　　③ 在【极限】组中，从【结束】列表中选择【直至选定对象】选
项，在图形区选择斜面；

　　④ 在【布尔】组中，从【布尔】列表中选择【求和】选项。

　　如图 3-6 所示，单击【确定】按钮。

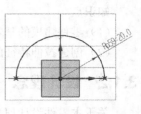

图 3-5　在左端面绘制草图

　　步骤三：定值拉伸

　　（1）在底面绘制草图，如图 3-7 所示。

图 3-6　拉伸实体

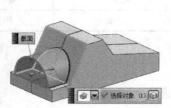

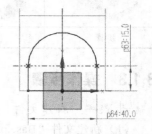

图 3-7　在底面绘制草图

　　（2）选择【插入】|【设计特征】|【拉伸】命令，出现【拉伸】对话框。

　　① 设置选择意图规则：相连曲线；

　　② 在【截面】组中激活【选择曲线】，在图形区选择曲线；

　　③ 在【极限】组中，从【结束】列表中选择【值】选项，在【距离】文本框中输入 25；

　　④ 在【布尔】组中，从【布尔】列表中选择【求和】选项。

　　如图 3-8 所示，单击【确定】按钮。

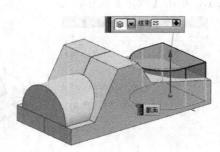

图 3-8　拉伸实体

　　步骤四：拉伸切除完全贯穿

　　（1）在右上面绘制草图，如图 3-9 所示。

（2）选择【插入】｜【设计特征】｜【拉伸】命令，出现【拉伸】
对话框。

① 设置选择意图规则：相连曲线；

② 在【截面】组中激活【选择曲线】，在图形区选择曲线；

③ 在【极限】组中，从【结束】列表中选择【贯通】选项；

④ 在【布尔】组中，从【布尔】列表中选择【求差】选项。

如图 3-10 所示，单击【确定】按钮。

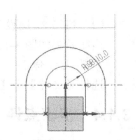

图 3-9　在右上面绘制草图

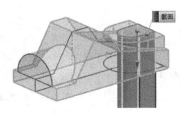

图 3-10　拉伸切除

步骤五：拉伸切除完全贯穿

（1）在左端面绘制草图，如图 3-11 所示。

（2）选择【插入】｜【设计特征】｜【拉伸】命令，出现【拉伸】
对话框。

① 设置选择意图规则：相连曲线；

② 在【截面】组中激活【选择曲线】，在图形区选择曲线；

③ 在【极限】组中，从【结束】列表中选择【贯通】选项；

④ 在【布尔】组中，从【布尔】列表中选择【求差】选项。

如图 3-12 所示，单击【确定】按钮。

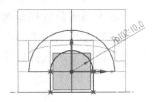

图 3-11　在左端面绘制草图

图 3-12　拉伸切除

步骤六：移动层

（1）将草图移到第 21 层。

（2）将第 21 层设为【不可见】。

最终效果如图 3-13 所示。

步骤七：保存

选择【文件】|【保存】命令，保存文件。

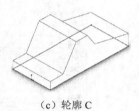

图 3-13 完成建模

3.1.4 步骤点评

1．对于步骤一：关于选择最佳轮廓和选择草图平面

（1）选择最佳轮廓。

分析模型，选择最佳建模轮廓，如图 3-14 所示。

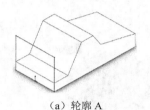

（a）轮廓 A	（b）轮廓 B	（c）轮廓 C

图 3-14 分析选择最佳建模轮廓

- 轮廓 A 这个轮廓是矩形的，拉伸后，需要很多的切除才能完成毛坯建模。
- 轮廓 B 这个轮廓只需添加两个凸台，就可以完成毛坯建模。
- 轮廓 C 这个轮廓是矩形的，拉伸后，需要很多的切除才能完成毛坯建模。

本实例就是选择轮廓 B 作为最佳建模轮廓。

（2）选择草图平面。

分析模型，选择最佳建模轮廓放置的基准面，如图 3-15 所示。

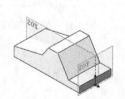 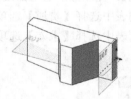 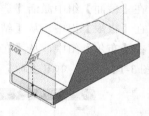

（a）在 ZOX 面建立的模型	（b）在 XOY 面建立的模型	（c）在 ZOY 面建立的模型

图 3-15 草图方位

第一种放置方法是：最佳建模轮廓放置在 ZOX 面。

第二种放置方法是：最佳建模轮廓放置在 XOY 面。

第三种放置方法是：最佳建模轮廓放置在 ZOY 面。

根据模型的放置方法进行如下分析：

① 考虑零件本身的显示方位，零件本身的显示方位决定了模型怎样放置在标准视图中，例如轴测图；

② 考虑零件在装配图中的方位，装配图中固定零件的方位决定了整个装配模型怎样放置在标准视图中，例如轴测图；

③ 考虑零件在工程图中的方位，建模时应该使模型的右视图与工程图的主视图完全一致。从上面三种分析来看，第三种放置方法是最佳的。

2．对于步骤一：关于拉伸极限

极限：确定拉伸的开始和终点位置。

（1）值——设置值，确定拉伸的开始或终点位置。在截面上方的值为正，在截面下方的值为负。

（2）对称值——向两个方向对称拉伸。

（3）直至下一个——终点位置沿箭头方向、开始位置沿箭头反方向，拉伸到最近的实体表面。

（4）直至选定对象——开始、终点位置位于选定对象。

（5）直到被延伸——拉伸到选定面的延伸位置。

（6）贯通——当有多个实体时，可通过全部实体。

（7）距离——在文本框中输入的值。当开始和终点选项中的任何一个设置为值或对称值时出现。

3．对于步骤二：关于布尔运算

布尔：用于指定拉伸特征及其所接触的实体之间的交互方式。

（1）无——创建独立的拉伸实体。

（2）求和——将拉伸体与目标体合并为单个体。

（3）求差——从目标体移除拉伸体。

（4）求交——创建一个体，其中包含由拉伸特征和与它相交的现有体共享的体积。

（5）自动判断——根据拉伸的方向矢量及正在拉伸的对象的位置来确定概率最高的布尔运算。

3.1.5 总结与拓展——拉伸规则

选择【首选项】|【建模…】命令，出现【建模首选项】对话框。在【体类型】区域选中【实体】单选按钮，它控制在拉伸截面曲线时创建的是实体还是片体。设定为实体时，应遵循以下规则。

（1）当拉伸一系列连续、封闭的平面曲线时将创建一个实体。

（2）当该曲线内部有另一连续、封闭的平面曲线时，将创建一个具有内部孔的实体。

（3）拔锥拉伸具有内部孔的实体时，内、外拔锥方向相反。

（4）当这些连续、封闭的曲线不在一个平面时，将创建一个片体。

（5）当拉伸一系列连续但不封闭的平面曲线时将创建一个片体，除非拉伸时使用了偏置选项。

3.1.6 总结与拓展——选择线串

线串可以是基本二维曲线、草图曲线、实体边缘、实体表面或片体等，将鼠标选择球指向所要选择的对象时，系统会自动判断出用户的选择意图，或通过选择过滤器来设置要选择对象的类型。当创建拉伸、回转、沿引导线扫掠时，会自动出现【选择意图】工具栏，如图3-16所示。

1．曲线规则

（1）单条曲线——选择单个曲线。

（2）相连曲线——自动添加相连接的曲线。

（3）相切曲线——自动添加相切的线串。

（4）特征曲线——自动添加特征的所有曲线。

（5）面的边——自动添加实体表面的所有边。

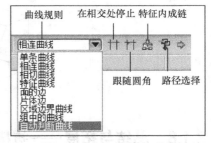

图3-16 【选择意图】工具栏

（6）片体边——自动添加片体的所有边界。

（7）区域边界曲线——允许选择用于封闭区域的轮廓。大多数情况下，可以通过单击鼠标进行选择。封闭区域边界可以是曲线或边。

（8）组中的曲线——选择属于选定组的所有曲线。

（9）自动判断曲线——让起控制作用的特征根据所选对象的类型得出选择意图规则。

2．选择意图选项

（1）在相交处停止田。

当选择相连曲线链时，在它与另一条曲线的相交处停止该链。

（2）跟随圆角田。

当选择相连曲线链时，在该链中的相交处自动沿相切圆弧成链。

如果同时选择【跟随圆角】和【在相交处停止】，则【跟随圆角】将在应用它的分支处替代【在相交处停止】。

（3）特征内成链品。

当选择相连曲线链时，将相交的成链和发现限制为仅当前特征范围之内。

（4）路径选择早。

辅助选择可自动判断所选曲线之间的路径。该路径将选择具有最少链数的路径。

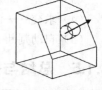

图 3-17　设置拉伸方向

3.1.7　总结与拓展——指定拉伸方向

拉伸方向用于定义拉伸截面的方向。

（1）默认的拉伸矢量方向和截面曲线所在的面垂直，如图 3-17 所示。

（2）设置矢量方向后，拉伸方向朝向指定的矢量方向，如图 3-18 所示。

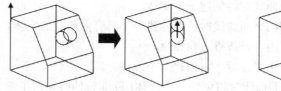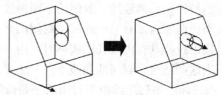

图 3-18　改变拉伸矢量方向

（3）改变拉伸方向。

单击【反向】按钮，可以改变拉伸方向，如图 3-19 所示。

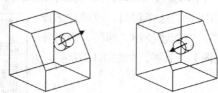

图 3-19　改变拉伸方向

3.1.8　总结与拓展——拔模

拔模选项用于将斜率（拔模）添加到拉伸特征的一侧或多侧。其可用选项如下。

（1）无——不创建任何拔模。

（2）从起始限制——创建一个拔模，拉伸形状在起始限制处保持不变，从该固定形状处将拔模角应用于侧面，如图3-20所示。

（3）从截面——创建一个拔模，拉伸形状在截面处保持不变，从该截面处将拔模角应用于侧面，如图3-21所示。

（4）从截面非对称角度——仅当从截面的两侧同时拉伸时可用，如图3-22所示。

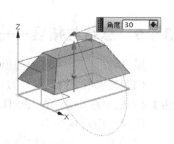

图3-20　从起始限制拔模

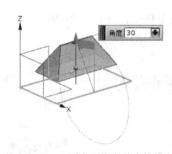

单个角度——所有面指定单个拔模角

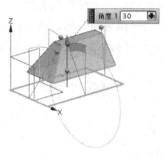

多个角度——每个面的相切链指定唯一的拔模角

图3-21　从截面创建一个拔模

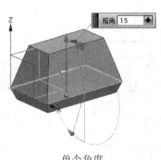

单个角度

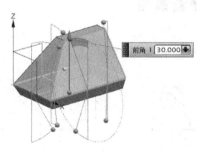

多个角度

图3-22　从截面非对称角度创建一个拔模

（5）从截面对称角度——仅当从截面的两侧同时拉伸时可用，如图3-23所示。

（6）从截面匹配的终止处——仅当从截面的两侧同时拉伸时可用，如图3-24所示。

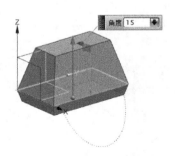

图3-23　从截面对称角度创建一个拔模

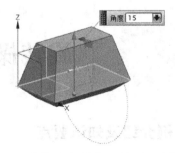

图3-24　从截面匹配的终止处创建一个拔模

3.1.9　总结与拓展——偏置

通过输入相对于截面的值或拖动偏置手柄，可以为拉伸特征指定多达两个的偏置。

偏置选项用于设置偏置的开始、终点值，以及单侧、双侧、对称的偏置类型。可以在【开始】和【结束】文本框中输入偏置值，也可以在它们的动态输入框中输入偏置值，还可以通过拖动偏置手柄进行设置。

偏置可用选项如下。

（1）无——不创建任何偏置。

（2）单侧——只有封闭、连续的截面曲线时，该项才能使用。单侧偏置只有终点偏置值，通过单侧偏置可以形成一个偏置的实体，如图 3-25 所示。

（3）两侧——偏置为开始、终点两条边。偏置值可以为负值，如图 3-26 所示。

（4）对称——向截面曲线两个方向偏置，偏置值相等，如图 3-27 所示。

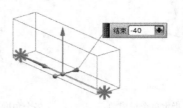
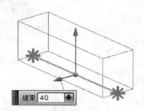

图 3-25　单侧偏置　　　　　图 3-26　两侧偏置　　　　　图 3-27　对称偏置

3.1.10　随堂练习

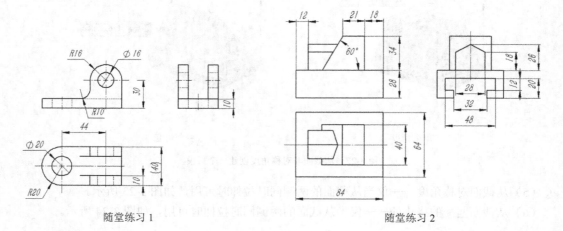

随堂练习 1　　　　　　　　　　　　　　　随堂练习 2

3.2　旋转操作

3.2.1　案例介绍及知识要点

应用旋转功能创建模型，如图 3-28 所示。

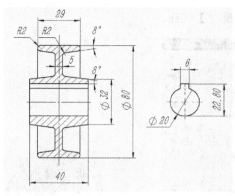

图 3-28 带轮

知识点

创建旋转特征的方法。

3.2.2 设计理念

关于本零件设计理念的考虑如下：

（1）零件为旋转体，主体部分采用旋转命令实现；

（2）键槽部分采用设计特征孔和键槽实现。

建模步骤如表 3-2 所示。

表 3-2　　　　　　　　　　　　　　　　建模步骤

| 步骤一 | 步骤二 | 步骤三 |

3.2.3 操作步骤

步骤一：新建文件，建立旋转基础特征

（1）新建文件"wheel.prt"。

（2）在 YOZ 平面绘制草图，如图 3-29 所示。

（3）选择【插入】|【设计特征】|【回转】命令，出现【回转】对话框。

① 设置选择意图规则：相连曲线；

② 在【截面】组中，激活【选择曲线】，在图形区选择曲线；

③ 在【轴】组中，激活【指定矢量】，在图形区指定矢量；

④ 在【限制】组中，从【开始】列表中选择【值】选项，在【角度】文本框中输入 0，从【结束】列表中选择【值】选项，在【角度】文本框中输入 360；

⑤ 在【布尔】组中，从【布尔】列表中选择【无】选项。

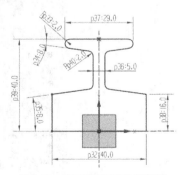

图 3-29 在 YOZ 平面绘制草图

如图 3-30 所示，单击【确定】按钮。

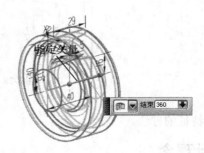

图 3-30　旋转基体

步骤二：打孔

单击【特征】工具栏上的【孔】按钮，出现【孔】对话框。

① 从【类型】列表中选择【常规孔】选项；

② 在【位置】组中，单击【点】按钮，在图形区选择面的圆心点为孔的中心；

③ 在【方向】组中，从【孔方向】列表中选择【垂直于面】选项；

④ 在【形状和尺寸】组中，从【成形】列表中选择【简单】选项；

⑤ 在【尺寸】组中，在【直径】文本框中输入20，从【深度限制】列表中选择【贯通体】选项；

⑥ 在【布尔】组中，从【布尔】列表中选择【求差】选项。

如图 3-31 所示，单击【确定】按钮。

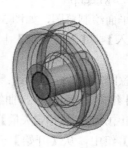

图 3-31　打孔

步骤三：切槽

单击【特征】工具栏上的【键槽】按钮，出现【键槽】对话框。

① 选中【矩形】单选按钮，选中【通槽】复选框，单击【确定】按钮；

② 出现【矩型键槽】对话框，提示行提示"选择平的放置面"，在图形区选择 XOY 基准平面为放置面，如图 3-32 所示；

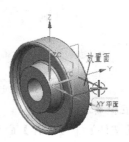

图 3-32　选择放置面

③ 单击【反向默认侧】按钮，出现【水平参考】对话框，提示行提示"选择水平参考"，在图形区选择水平方向，如图 3-33 所示；

④ 出现【矩型键槽】对话框，提示行提示"选择起始贯通面"，在图形区选择起始贯通面，如图 3-34 所示；

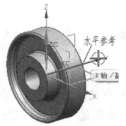

图 3-33　选择水平方向　　　　　　　　　　　　　　图 3-34　选择起始贯通面

⑤ 出现【矩型键槽】对话框，提示行提示"选择终止贯通面"，在图形区选择终止贯通面，如图 3-35 所示；

⑥ 出现【矩形键槽】对话框，在【宽度】文本框中输入 6，在【深度】文本框中输入 12.8，如图 3-36 所示，单击【确定】按钮；

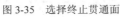

图 3-35　选择终止贯通面　　　　　　　　　　　图 3-36　【矩形键槽】对话框

⑦ 出现【定位】对话框，单击【线到线】按钮，在图形区选择目标边和工具边，如图 3-37 所示。

步骤四：移动层

将草图移到第 21 层，如图 3-38 所示。

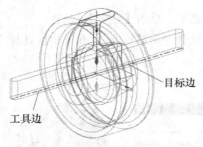

工具边

目标边

图 3-37　定位键槽

图 3-38　轮

步骤五：保存

选择【文件】|【保存】命令，保存文件。

3.2.4　步骤点评

1．对于步骤一：关于旋转轴

旋转轴不得与截面曲线相交。但它可以和一条边重合。

2．对于步骤一：关于旋转极限

极限：起始和终止极限表示旋转体的相对两端，绕旋转轴旋转的角度可以设置为 0°～360°。其可用选项如下。

（1）值——用于指定旋转角度的值。

（2）直至选定对象——用于指定作为旋转的起始或终止位置的面、实体、片体或相对基准平面。

3.2.5　总结与拓展——回转规则

选择【首选项】|【建模…】命令，出现【建模首选项】对话框。在【体类型】区域选中【实体】单选按钮，它控制在旋转截面曲线时创建的是实体还是片体。设定为实体时，应遵循以下规则。

（1）旋转开放的截面线串时，如果旋转角度小于 360°，创建的是片体。如果旋转角度等于 360°，系统将自动封闭端面而形成实体。

（2）旋转扫描的方向遵循右手定则，从起始角度旋转到终止角度。

（3）起始角度和终止角度必须小于等于 360°，大于等于−360°。

（4）起始角度可以大于终止角度。

（5）结合旋转矢量的方向和起始角度、终止角度的设置可以得到想要的回转体。

3.2.6　随堂练习

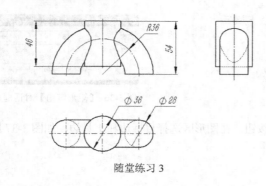

随堂练习 3

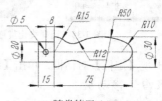

随堂练习 4

3.3 沿引导线扫掠

3.3.1 案例介绍及知识要点

应用沿引导线扫掠功能创建模型，如图 3-39 所示。

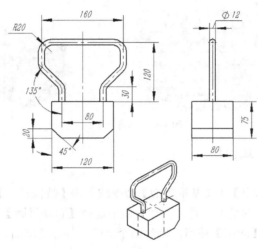

图 3-39 堵头

知识点

创建沿引导线扫掠特征的方法。

3.3.2 设计理念

关于本零件设计理念的考虑如下：

（1）本零件是对称零件；

（2）手柄直径为 12mm。

建模步骤如表 3-3 所示。

表 3-3　　　　　　　　　　　　　　　　　建模步骤

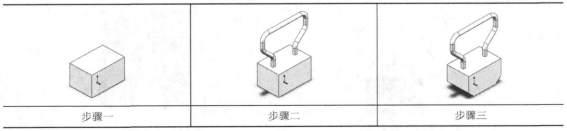

步骤一	步骤二	步骤三

3.3.3 操作步骤

步骤一:新建文件,建立长方体

(1)新建文件"plug.prt"。

(2)选择【插入】|【设计特征】|【长方体】命令,出现【块】对话框。在【长度】文本框中输入 80,在【宽度】文本框中输入 120,在【高度】文本框中输入 75,单击【确定】按钮。在坐标系原点(0,0,0)处创建长方体,如图 3-40 所示。

图 3-40 创建长方体

步骤二:建立沿引导线扫掠

(1)建立基准面。

选择【插入】|【基准/点】|【基准平面】命令或单击【特征操作】工具栏上的【基准平面】按钮□,出现【基准平面】对话框。在【类型】组中选择【自动推断】选项,在图形区选择两个面,如图 3-41 所示,单击【应用】按钮,创建两个面的二等分基准面。

图 3-41 二等分基准面

(2)绘制引导线扫掠。

选择二等分基准面,将原点设在中点处,绘制草图,如图 3-42 所示。

(3)绘制截面。

选择上表面,绘制草图,如图 3-43 所示。

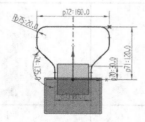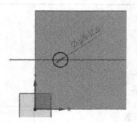

图 3-42 绘制草图   图 3-43 绘制草图

（4）建立沿引导线扫掠。

选择【插入】|【扫掠】|【沿引导线扫掠】，出现【沿引导线扫掠】对话框。

① 在【截面】组中激活【选择曲线】，在图形区选择截面；

② 在【引导线】组中激活【选择曲线】，在图形区选择引导线。

如图3-44所示，单击【确定】按钮。

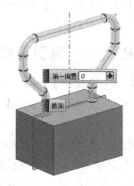

图3-44 沿引导线扫掠

步骤三：倒角

选择【插入】|【细节特征】|【倒斜角】命令，打开【倒斜角】对话框。

① 在【边】组中激活【选择边】，在图形区选择第一个边；

② 在【偏置】组中，从【横截面】列表中选择【偏置和角度】选项，在【距离】文本框中输入20，在【角度】文本框中输入45.0。

如图3-45所示，单击【应用】按钮。

步骤四：移动层

（1）将草图移到21层。

（2）将基准面移到21层。

（3）将61层，21层设为【不可见】。

最终效果如图3-46所示。

图3-45 倒斜角   图3-46 堵头

步骤五：保存

选择【文件】|【保存】命令，保存文件。

3.3.4　步骤点评

1．对于步骤二：关于截面

截面选项用于选择曲线、边或曲线链，或是截面的边。

2．对于步骤二：关于引导线

引导线选项用于选择曲线、边或曲线链，或是引导线的边。引导线串中的所有曲线都必须是连续的。

3.3.5　总结与拓展——沿引导线扫掠规则

选择【首选项】|【建模…】命令，出现【建模首选项】对话框。在【体类型】区域选中【实体】单选按钮，它控制在沿引导线扫掠截面曲线时创建的是实体还是片体。设定为实体时，应遵循以下规则。

（1）一个完全连续、封闭的截面线串沿引导线扫描时将创建一个实体。

（2）一个开放的截面线串沿一条开放的引导线扫描时将创建一个片体。

（3）一个开放的截面线串沿一条封闭的引导线扫描时将创建一个实体。系统会自动封闭开放的截面线串的两端面而形成实体。

（4）当使用偏置扫描时，会创建有厚度的实体。

（5）每次只能选择一条截面线串和一条引导线串。

（6）对于封闭的引导线串允许含有尖角，但截面线串应位于远离尖角的地方，而且需要位于引导线串的端点位置，如图 3-47 所示。

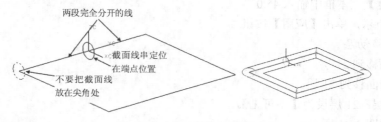

图 3-47　允许引导线串含有尖角

3.3.6　随堂练习

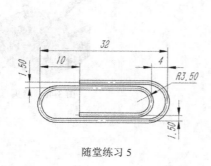

随堂练习 5

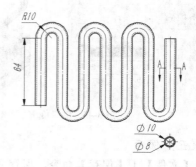

随堂练习 6

3.4 扫掠

3.4.1 案例介绍及知识要点

应用扫掠功能创建模型，如图 3-48 所示。

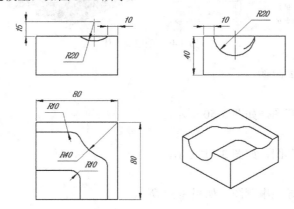

图 3-48 扫掠

知识点

创建扫掠特征的方法。

3.4.2 设计理念

关于本零件设计理念的考虑如下：

（1）利用扫掠建立曲面；

（2）利用曲面切除完成造型。

建模步骤如表 3-4 所示。

表 3-4 建模步骤

步骤一	步骤二	步骤三

3.4.3 操作步骤

步骤一：新建文件，建立长方体

（1）新建"slot.prt"

（2）选择【插入】|【设计特征】|【长方体】命令，出现【块】对话框。在【长度】文本

框中输入 80，在【宽度】文本框中输入 80，在【高度】文本框中输入 40，单击【确定】按钮。在坐标系原点（0，0，0）处创建长方体，如图 3-49 所示。

图 3-49　创建长方体

步骤二：扫掠建立曲面

（1）建立截面 1。

在前表面绘制截面草图，如图 3-50 所示。

（2）建立截面 2。

在左表面绘制截面草图，如图 3-51 所示。

（3）新建引导线串。

选择上面，建立引导线串草图，如图 3-52 所示。

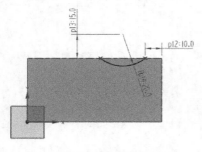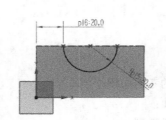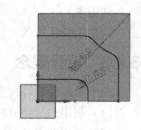

图 3-50　截面草图 1　　　　图 3-51　截面草图 2　　　　图 3-52　引导线串

（4）创建扫掠曲面。

选择【插入】|【扫掠】|【扫掠】，出现【扫掠】对话框。

① 在【截面】组中激活【选择曲线】，在图形区选择截面 1，单击鼠标中键，选择截面 2，单击鼠标中键；

② 在【引导线】组中激活【选择曲线】，在图形区选择引导线 1，单击鼠标中键，选择引导线 2。

如图 3-53 所示，单击【确定】按钮，建立扫掠曲面。

步骤三：曲面切除

选择【插入】|【修剪】|【修剪体】命令，出现【求差】对话框。

① 在【目标】组中激活【选择体】，在图形区选取目标实体；

② 在【工具】组中激活【选择面或平面】，在图形区选取选择一个工具实体。

如图 3-54 所示，单击【确定】按钮。

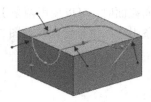

图 3-53　创建扫掠特征

步骤四：移动层

（1）将草图移到第 21 层。

（2）将片体移到第 11 层。

（3）将第 61 层，21 层，11 层设为【不可见】。

最终效果如图 3-55 所示。

图 3-54　修剪运算

图 3-55　完成建模

步骤五：保存

选择【文件】｜【保存】命令，保存文件。

3.4.4　步骤点评

1．对于步骤二：关于截面

可选择多达 150 条截面线串。

在图形区选择截面线串后，NX 会将当前选择添加到截面组的列表框中，并创建新的空截面。在截面组列表列出的现有的截面线串集中，选择线串集的顺序可以产生不同的扫掠效果，如图 3-56 所示。

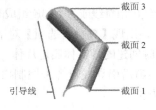

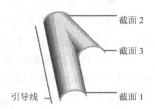

图 3-56　列表示例

提示：还可以在选择截面时，通过单击鼠标中键来添加新集。

2．对于步骤二：关于引导线（最多 3 条）

（1）一条引导线。

一条引导线用于简单的平移扫掠，截面通过一条引导线进行扫掠，并使用恒定面积规律进行缩放，如图 3-57 所示。

（2）两条引导线。

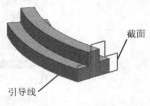

图 3-57　一条引导线扫掠

要沿扫掠定向截面时，可以使用两条引导线。使用两条引导线时，截面线串沿第二条引导线进行定向，如图 3-58 所示。

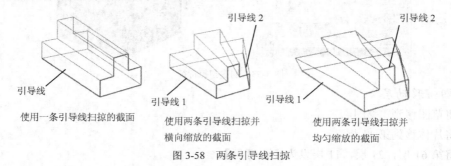

图 3-58　两条引导线扫掠

（3）三条引导线。

使用三条引导线时，第一条与第二条引导线用于定义体的方位与缩放，第三条引导线用于剪切该体，如图 3-59 所示。

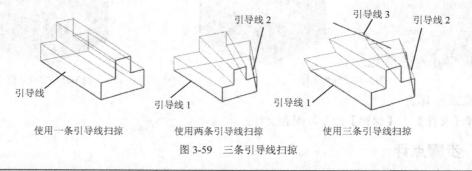

图 3-59　三条引导线扫掠

提示：引导线线串集的选择顺序不影响产生的扫掠效果。

3.4.5　总结与拓展——扫掠规则

扫掠——将截面曲线沿引导线扫掠成片体或实体，其截面曲线最少 1 条，最多 150 条，引导线最少 1 条，最多 3 条。扫掠非常适用于当引导线串由脊线或一个螺旋组成时，可以通过扫掠来创建一个特征。

选择【首选项】|【建模…】命令，出现【建模首选项】对话框。在【体类型】区域选中【实体】单选按钮，它控制在扫掠截面曲线时创建的是实体还是片体。设定为实体时，应遵循以下规则。

（1）通过使用不同的方式将截面线串沿引导线对齐来控制扫掠形状。

（2）控制截面沿引导线扫掠时的方位。

（3）缩放扫掠体。

（4）使用脊线串控制截面的参数化。

3.4.6 随堂练习

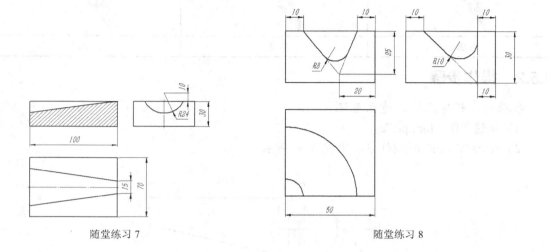

随堂练习 7   随堂练习 8

3.5 实战练习

应用拉伸创建模型，如图 3-60 所示。

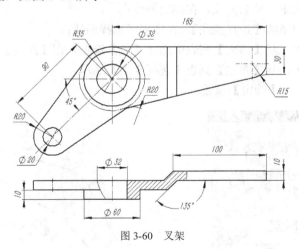

图 3-60 叉架

3.5.1 设计理念

关于本零件设计理念的考虑如下：

采用布尔求交来完成毛坯建模。

建模步骤如表 3-5 所示。

表 3-5	建模步骤	

步骤一	步骤二	步骤三

3.5.2 操作步骤

步骤一：新建文件，建立毛坯

（1）新建文件"fork.prt"。

（2）在 ZOY 基准面绘制草图，如图 3-61 所示。

图 3-61 绘制草图

（3）选择【插入】|【设计特征】|【拉伸】命令，出现【拉伸】对话框。

① 设置选择意图规则：单条曲线，在相交处停止⊞；

② 在【截面】组中激活【选择曲线】，在图形区选择曲线；

③ 在【极限】组中，从【结束】列表中选择【值】选项，在【距离】文本框中输入 20；

④ 在【布尔】组中，从【布尔】列表中选择【无】选项。

如图 3-62 所示，单击【确定】按钮。

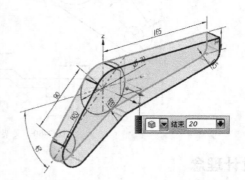

图 3-62 拉伸基体 1

（4）在上表面绘制草图，如图 3-63 所示。

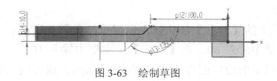

图 3-63　绘制草图

（5）选择【插入】｜【设计特征】｜【拉伸】命令，出现【拉伸】对话框。

① 设置选择意图规则：自动判断曲线；

② 在【截面】组中激活【选择曲线】，在图形区选择曲线；

③ 在【极限】组中，从【结束】列表中选择【值】选项，在【距离】文本框中输入 130；

④ 在【布尔】组中，从【布尔】列表中选择【无】选项。

如图 3-64 所示，单击【确定】按钮。

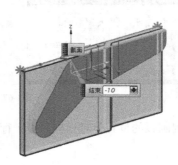

图 3-64　拉伸基体 2

（6）选择【插入】｜【组合体】｜【求交】命令，出现【求交】对话框。

① 在【目标】组中单击【选择体】，在图形区选择拉伸基体 1；

② 在【刀具】组中单击【选择体】，在图形区选择拉伸基体 2。

如图 3-65 所示，单击【确定】按钮。

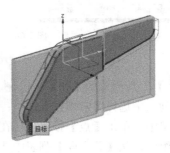

图 3-65　组合实体

步骤二：建立凸台

单击【特征】工具栏上的【凸台】按钮，出现【凸台】对话框。

① 在【直径】文本框中输入 60，在【高度】文本框中输入 10；

② 提示行提示"选择平的放置面"，在图形区选择端面为放置面，如图 3-66 所示，单击【确定】按钮。

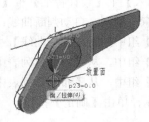

图 3-66　建立凸台

③ 出现【定位】对话框，提示行提示"选择定位方法或为垂线选择目标边/基准"，单击【点到点】按钮，提示行提示"选择目标对象"，在图形区选择端面边缘，如图 3-67 所示；

图 3-67　定位

④ 出现【设置圆弧的位置】对话框，提示行提示"选择圆弧上点"，单击【圆弧中心】按钮，如图 3-68 所示。

图 3-68　创建凸台

步骤三：打孔

（1）单击【特征】工具栏上的【孔】按钮，出现【孔】对话框。

① 从【类型】列表中选择【常规孔】选项；

② 在【位置】组中，单击【点】按钮，在图形区选择面的圆心点为孔的中心；

③ 在【方向】组中，从【孔方向】列表中选择【垂直于面】选项；

④ 在【形状和尺寸】组中，从【成形】列表中选择【简单】选项；

⑤ 在【尺寸】组中，在【直径】文本框中输入 32，从【深度限制】列表中选择【贯通体】
选项。

如图 3-69 所示，单击【确定】按钮。

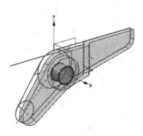

图 3-69 打孔

（2）同上操作，创建孔 2，【孔】对话框中的参数设置如图 3-70 所示。

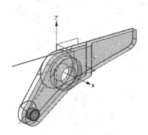

图 3-70 孔 2

步骤四：移动层

（1）将草图移到第 21 层。

（2）将第 61 层，21 层设为【不可见】。

最终效果如图 3-71 所示。

步骤五：保存

选择【文件】|【保存】命令，保存文件。

图 3-71 叉架

3.6 上机练习

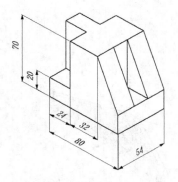

习题图 1

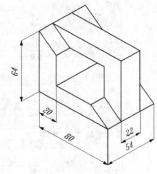

习题图 2

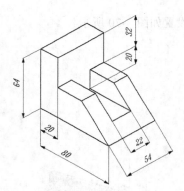

习题图 3

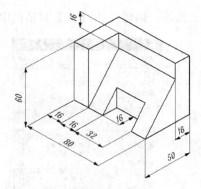

习题图 4

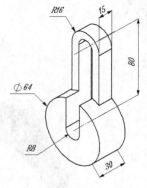

习题图 5

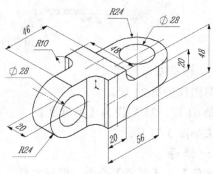

习题图 6

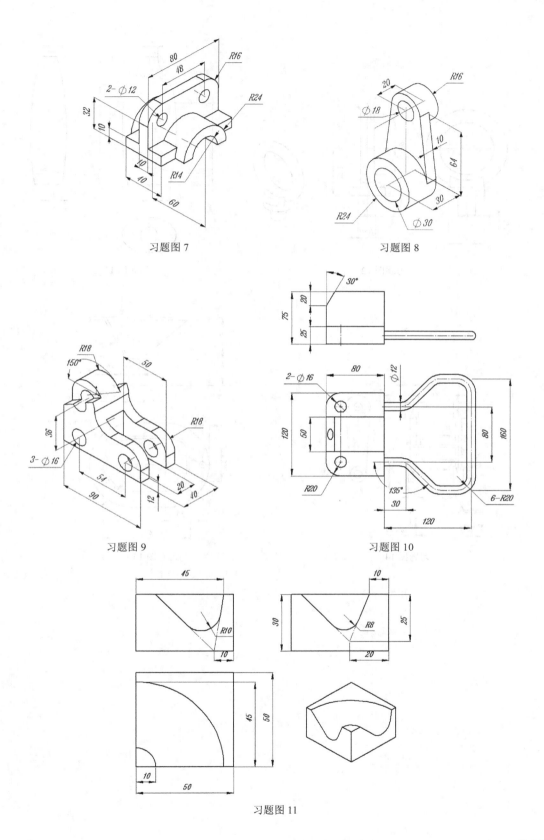

习题图 7

习题图 8

习题图 9

习题图 10

习题图 11

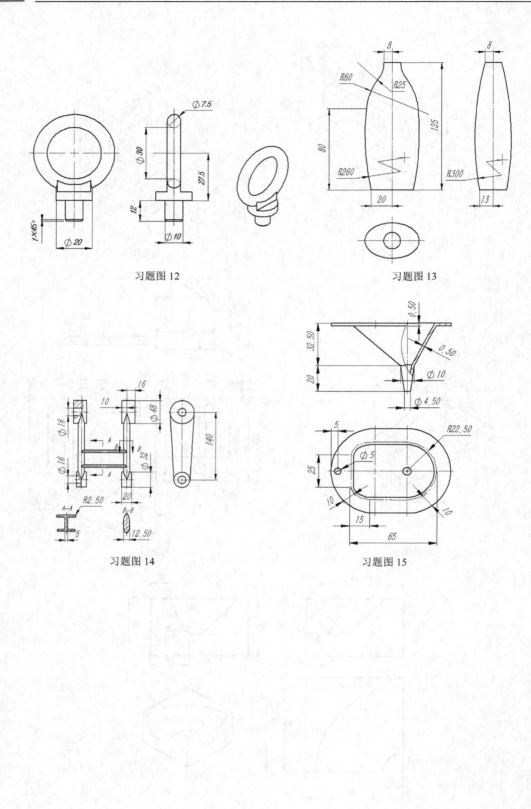

习题图 12

习题图 13

习题图 14

习题图 15

第4章 创建基准特征

基准特征是进行零件建模的参考特征，它的主要用途是为实体造型提供参考，也可以作为绘制草图时的参考面。

基准特征有相对基准与固定基准之分。一般应尽量使用相对基准面与相对基准轴，因为相对基准是相关和参数化的特征，与目标实体的表面、边缘、控制点相关。

4.1 创建相对基准平面

4.1.1 案例介绍及知识要点

建立关联到一实体模型的相对基准面，如图 4-1 所示。

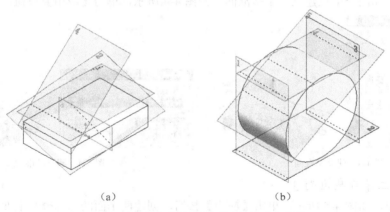

（a）　　　　　　　　　（b）

图 4-1　建立关联到一实体模型的相对基准面

按下列要求创建第一组相对基准面，如图 4-1（a）所示。

（1）按某一距离创建基准面 1。

（2）过三点创建基准面 2。

（3）二等分基准面 3。

（4）创建与上表面成角度的基准面 4。

按下列要求创建第二组相对基准面，如图 4-1（b）所示。

（1）创建与圆柱相切的基准面 1～4。

（2）创建与圆柱相切和基准面 1 成 60°角的基准面 5。

知识点

（1）基准面的概念；

（2）创建相对基准面的方法。

4.1.2　操作步骤

步骤一：新建文件

（1）新建文件"Relative_Datum_Plane1.prt"。

（2）创建块，建立第一组基准面。

根据适合比例建立块，如图 4-2 所示。

步骤二：按某一距离创建基准面 1

选择【插入】│【基准/点】│【基准平面】命令，或单击【特征操作】工具栏上的【基准平面】按钮，出现【基准平面】对话框。

图 4-2　创建块

① 从【类型】列表中选择【自动判断】选项；

② 在【要定义平面的对象】组中激活【选择对象】，在图形区选择实体模型的平面或基准面，系统将自动推断为【按某一距离】创建基准面；

③ 在【偏置】组中，在【距离】文本框中输入偏移距离（偏置箭头方向为偏置正值方向，箭头反方向为负值方向）。

如图 4-3 所示，单击【应用】按钮，建立基准面 1。

步骤三：过三点创建基准面 2

选择一端点和两个中点建立一个基准面，如图 4-4 所示，单击【应用】按钮，建立基准面 2。

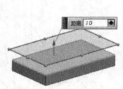

图 4-3　建立基准面 1　　　　　　　　　　　图 4-4　建立基准面 2

步骤四：二等分基准面 3

选择两个面，如图 4-5 所示，单击【应用】按钮，创建两个面的二等分基准面。

步骤五：创建与上表面成角度的基准面 4

① 在图形区选择实体模型的边和上表面；

② 在【偏置】组中，从【角度选项】列表中选择【值】选项，在【角度】文本框中输入 30。

如图 4-6 所示，单击【确定】按钮，建立基准面 4。

图 4-5　二等分基准面 3　　　　　　　　　图 4-6　与上表面成角度的基准面 4

步骤六：编辑块，检验基准面对块的参数化关系

观察所建的基准面，如图 4-7 所示。

步骤七：保存

选择【文件】|【保存】命令，保存文件。

步骤八：创建圆柱，建立第二组基准面

（1）新建文件"Relative_Datum_Plane2.prt"。

（2）根据适合比例建立圆柱，如图 4-8 所示。

图 4-7　相关改变 　　　　　　　　　　　图 4-8　创建圆柱体

步骤九：创建与圆柱相切的基准面 1

选择【插入】|【基准/点】|【基准平面】命令，或单击【特征操作】工具栏上的【基准平面】按钮 ，出现【基准平面】对话框。

① 从【类型】列表中选择【自动判断】选项；

② 在【要定义平面的对象】组中激活【选择对象】，选择圆柱表面。

如图 4-9 所示，单击【应用】按钮，建立相切的基准面 1。

步骤十：创建与圆柱相切的基准面 2

选择圆柱表面和新建的基准面，在【角度】组中，从【角度选项】列表中选择【垂直】选项，如图 4-10 所示，单击【应用】按钮，建立相切的基准面 2。

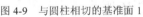

图 4-9　与圆柱相切的基准面 1 　　　　　　图 4-10　与圆柱相切的基准面 2

步骤十一：创建与圆柱相切的基准面 3

选择圆柱表面和新建的基准面，在【角度】组中，从【角度选项】列表中选择【垂直】选项，如图 4-11 所示，单击【应用】按钮，建立相切的基准面 3。

步骤十二：创建与圆柱相切的基准面 4

选择圆柱表面和新建的基准面，在【角度】组中，从【角度选项】列表中选择【垂直】选项，如图 4-12 所示，单击【应用】按钮，建立相切的基准面 4。

 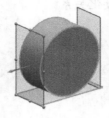  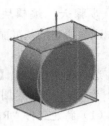

图 4-11　与圆柱相切的基准面 3　　　　　　　图 4-12　与圆柱相切的基准面 4

步骤十三： 创建与圆柱相切和基准面 3 成 60° 角的基准面 5

选择圆柱表面和右侧新建的基准面 1，在【角度】组中，从【角度选项】列表选择【值】选项，在【角度】文本框中输入–60，如图 4-13 所示，单击【确定】按钮。

步骤十四： 编辑圆柱，检验基准面对块的参数化关系

将圆柱方向改变为 OX 方向，如图 4-14 所示，观察所建的基准面。

 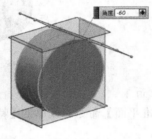 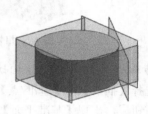

图 4-13　创建相切基准面与一面成角度　　　　　　　　　图 4-14　相关改变

步骤十五： 保存

选择【文件】|【保存】命令，保存文件。

4.1.3　步骤点评

1. 对于步骤二：调整基准面大小

双击已建立的基准面，拖动调整大小的手柄，以调整基准平面的大小，如图 4-15 所示。

2. 对于步骤五：确定角度方向

根据右手规则来确定角度方向，逆时针方向为正方向。

3. 对于步骤十：基准面的平面方位

当自动判断创建的基准面有多种方案时，在【平面方位】组中，单击【备选解】按钮，可以预览所需的基准面，如图 4-16 所示。

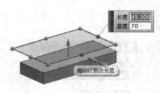

图 4-15　调整基准平面的大小

方案一　　　　　方案二

图 4-16　调整基准面的平面方位

4.1.4 总结与拓展——基准面基础知识

基准平面可分为固定基准平面和相对基准平面两种。

1．基准平面的用途

（1）作为草图平面使用，用于绘制草图。

（2）作为在非平面实体创建特征时的放置面。

（3）为特征定位时，作为目标边缘。

（4）可作为水平和垂直参考。

（5）在镜像实体或镜像特征时，作为镜像平面。

（6）修剪和分割实体的平面。

（7）在工程图中，作为截面或辅助视图的铰链线。

（8）帮助定义相关基准轴。

2．固定基准面

固定基准平面是平行于工作坐标系 WCS 或绝对坐标系的 3 个坐标平面的基准面，平行距离由【距离】文本框给定，如图 4-17 所示。固定基准平面与坐标系没有相关性。

（a）平行于【YC-ZC 平面】　　（b）【XC-ZC 平面】　　（c）【XC-YC 平面】

图 4-17　固定基准面

3．创建相对基准面的方法

相对基准平面由创建它的几何对象所约束，一个约束就是基准上的一个限制。该基准与对象上的表面、边、点等对象相关。当所约束的对象修改时，相关的基准平面会自动更新。

NX 提供了以下几种方法来创建相对基准面。

（1）在一定距离上偏置平行。从（并平行于）一个平面或已经存在的基准面偏置建立一个基准面，如图 4-18（a）所示。

（2）两分基准：在两平行表面或基准面的中心建立一个基准面，如图 4-18（b）所示。

（3）与表面或基准面成一定角度建立一个基准面，如图 4-18（c）所示。

（4）过 3 点建立一个基准面。点可以是一个边缘的端点或中点，如图 4-18（d）所示。

（5）过一点和在一规定的方向建立一个基准面。选择一个点后，系统会判断一个方向来建立基准面，如图 4-18（e）所示。

（6）过一圆柱表面的轴：通过一个圆柱、圆锥、圆环或旋转特征的临时轴建立一个基准面，如图 4-18（f）所示。

（7）在与圆柱相切的表面建立一个基准面，如图 4-18（g）所示。

（8）过曲线上的一点建立一个基准面。曲线可以是草图曲线、边缘或其他类型曲线，如图 4-18

（h）所示。

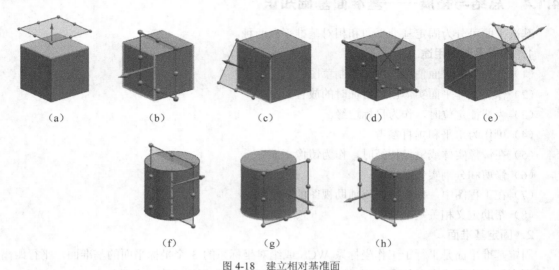

（a）　　　　　（b）　　　　　（c）　　　　　（d）　　　　　（e）

（f）　　　　　　（g）　　　　　（h）

图 4-18　建立相对基准面

4.1.5　随堂练习

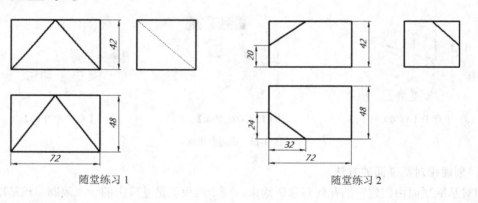

随堂练习 1　　　　　　　　　　　　随堂练习 2

4.2　创建相对基准轴

4.2.1　案例介绍及知识要点

建立关联到一实体模型的相对基准轴，如图 4-19 所示。

（1）通过一条草图直线、边线或轴，创建基准轴 1。

（2）通过两个平面，即两个平面的交线，创建基准轴 2。

（3）通过两个点或模型顶点，也可以是中点，创建基准轴 3。

（4）通过圆柱面/圆锥面的轴线，创建基准轴 4。

（5）通过点并垂直于给定的面或基准面，创建基准轴 5。

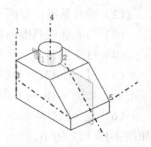

图 4-19　建立关联到一实体
模型的相对基准轴

知识点

基准轴的建立方法。

4.2.2　操作步骤

步骤一：新建文件

（1）新建文件"Relative_Datum_shaft.prt"。

（2）创建模型，根据合适的比例建立模型，如图4-20所示。

步骤二：通过一条草图直线、边线或轴，创建基准轴1

单击【特征操作】工具栏上的【基准轴】按钮↑，出现【基准轴】对话框。从【类型】列表中选择【自动判断】选项，在图形区选择边线，单击【应用】按钮，如图4-21所示，建立基准轴1。

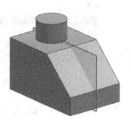

图4-20　创建模型

步骤三：通过两个平面，即两个平面的交线，创建基准轴2

选择块的斜面和基准面，建立基准轴2，如图4-22所示，单击【应用】按钮。

图4-21　创建基准轴1

 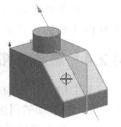

图4-22　创建基准轴2

步骤四：通过两个点或模型顶点，也可以是中点，创建基准轴3

选择一条边的中点和一条边的端点，建立基准轴3，如图4-23所示，单击【应用】按钮。

步骤五：通过圆柱面/圆锥面的轴线，创建基准轴4

选择圆柱面，建立基准轴4，如图4-24所示，单击【应用】按钮。

 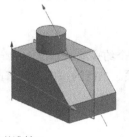

图4-23　创建基准轴3

 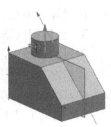

图4-24　创建基准轴4

步骤六：通过点并垂直于给定的面或基准面，创建基准轴5

选择块的斜面和一端点，建立基准轴5，如图4-25所示，单击【确定】按钮。

步骤七：编辑圆柱，检验基准轴对块的参数化关系

观察所建的基准面，如图4-26所示。

 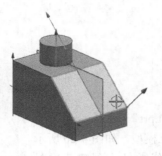

图 4-25 创建基准轴 5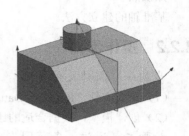

图 4-26 相关改变

步骤八：保存

选择【文件】|【保存】命令，保存文件。

4.2.3 步骤点评

对于步骤三：基准轴方向

当使用两个表面来相关建立相对基准轴时，轴方向由右手规则确定：四指从选择的第一个表面转向选择的第二个表面，大拇指指向基准轴的正方向。

4.2.4 总结与拓展——基准轴基础知识

基准轴可分为固定基准轴和相对基准轴两种。

1．基准轴的用途

（1）作为旋转特征的旋转轴。

（2）作为环形阵列特征的旋转轴。

（3）作为基准平面的旋转轴。

（4）作为矢量方向的参考。

（5）作为特征定位的目标边。

2．固定基准轴

固定基准轴是固定在工作坐标系 WCS 的 3 个坐标轴的基准轴，如图 4-27 所示。固定基准轴与工作坐标系 WCS 没有相关性。

3．创建相对基准轴的方法

相对基准轴由创建它的几何对象所约束，一个约束就是基准上的一个限制。该基准与对象上的表面、边、点等对象相关。当所约束的对象修改时，相关的基准轴会自动更新。

图 4-27 WCS 的 3 个
坐标轴的基准轴

NX 提供了以下几种方法来创建相对基准轴。

（1）过两点，如图 4-28（a）所示。

（2）过一边缘，如图 4-28（b）所示。

（3）过一圆柱、圆锥、圆环或旋转特征轴，如图 4-28（c）所示。

（4）过两个表面或基准面的交线，如图 4-28（d）所示。

（5）过曲线上的一点建立一条基准轴。曲线可以是草图曲线、边缘或其他类型曲线，如图 4-28（e）所示。

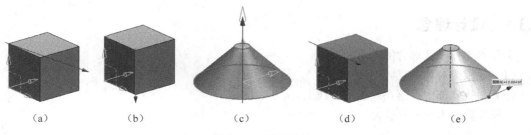

图 4-28　建立基准轴

4.2.5　随堂练习

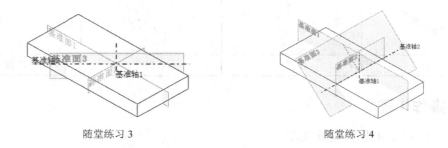

随堂练习 3　　　　　　　　　　　　随堂练习 4

4.3 实战练习

设计如图 4-29 所示的模型。

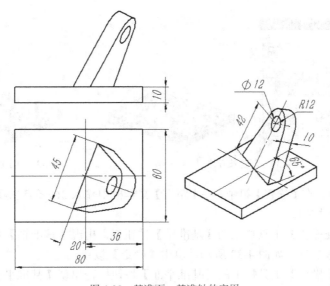

图 4-29　基准面、基准轴的应用

4.3.1　设计理念

关于本零件设计理念的考虑如下：

（1）底板为对称的；

（2）斜块底部中点落在底板中心线上。

建模步骤如表 4-1 所示。

表 4-1　　　　　　　　　　　　　　　　建模步骤

步骤一	步骤二	步骤三	步骤四
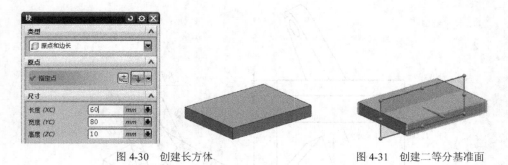			

4.3.2　操作步骤

步骤一：新建文件，建立毛坯

（1）新建文件"Relative_Datum_Axis.prt"。

（2）选择【插入】|【设计特征】|【长方体】命令，出现【块】对话框。从【类型】列表中选择【原点和边长】选项，在【尺寸】组中，在【长度】文本框中输入 60，在【宽度】文本框中输入 80，在【高度】文本框中输入 10，如图 4-30 所示，单击【确定】按钮，创建长方体。

步骤二：创建基准面

（1）单击【特征操作】工具栏上的【基准平面】按钮 ，出现【基准平面】对话框。选择实体模型的两个面，创建二等分基准面，如图 4-31 所示，单击【应用】按钮。

图 4-30　创建长方体　　　　　　　　　图 4-31　创建二等分基准面

（2）选择后表面，在【偏置】组中，在【距离】文本框中输入 36，创建等距基准面，如图 4-32 所示，单击【确定】按钮。

（3）单击【特征操作】工具栏上的【基准轴】按钮 ，出现【基准轴】对话框。选择新建的两个基准面，建立基准轴，如图 4-33 所示，单击【确定】按钮。

（4）单击【特征操作】工具栏上的【基准平面】按钮 ，出现【基准平面】对话框。选择基准轴和新建的等距基准面，在【角度】组中，在【角度】文本框中输入 20，如图 4-34 所示，单击【确定】按钮。

图 4-32 创建等距基准面

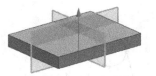

图 4-33 建立基准轴

（5）单击【特征操作】工具栏上的【基准轴】按钮 ↑，出现【基准轴】对话框。选择新建的基准面和上表面，建立基准轴，如图 4-35 所示，单击【确定】按钮。

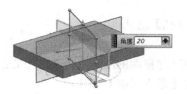

图 4-34 建立斜基准面

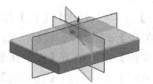

图 4-35 建立基准轴

（6）单击【特征操作】工具栏上的【基准平面】按钮 ⬚，出现【基准平面】对话框。选择基准轴和上表面，在【角度】组中，在【角度】文本框中输入 65，如图 4-36 所示，单击【确定】按钮。

（7）将所建的辅助基准面移到第 61 层，并隐藏第 61 层，如图 4-37 所示。

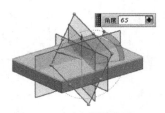

图 4-36 建立倾斜基准面

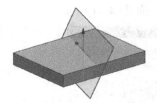

图 4-37 隐藏基准面

步骤三：建立斜支承

（1）选择基准面，绘制草图，如图 4-38 所示。

（2）单击【特征】工具栏上【拉伸】按钮 ▣，出现【拉伸】对话框。

① 设置选择意图规则：单条曲线，在相交处停止；

② 在【截面】组中，激活【选择曲线】，在图形区选择截面曲线；

③ 在【限制】组中，从【结束】列表中选择【值】选项，在【距离】文本框中输入 10；

④ 在【布尔】组中，从【布尔】列表中选择【求和】选项，在图形区选择求和体。

如图 4-39 所示，单击【确定】按钮。

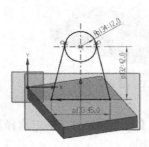

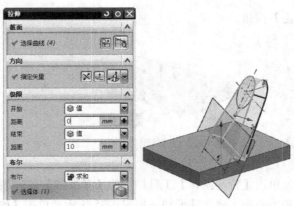

图 4-38　绘制草图　　　　　　　　　图 4-39　创建斜支承

步骤四：打孔

在【特征】工具栏上单击【孔】按钮，出现【孔】对话框。

① 从【类型】列表中选择【常规孔】选项；

② 在【位置】组，单击【点】按钮，在图形区选择面的圆心点为孔的中心；

③ 在【方向】组中，从【孔方向】列表中选择【垂直于面】选项；

④ 在【形状和尺寸】组中，从【成形】列表中选择【简单】选项；

⑤ 在【尺寸】组中，在【直径】文本框中输入 12，从【深度限制】列表中选择【贯通体】选项；

⑥ 在【布尔】组中，从【布尔】列表中选择【求差】选项。

如图 4-40 所示，单击【确定】按钮。

步骤五：移动层

（1）将草图移到第 21 层，将基准面、基准轴移到第 61 层。

（2）将第 61 层，21 层设为【不可见】。

最终效果如图 4-41 所示。

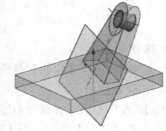

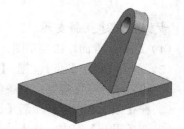

图 4-40　创建孔　　　　　　　　　　　图 4-41　完成建模

步骤六：保存

选择【文件】|【保存】命令，保存文件。

4.4 上机练习

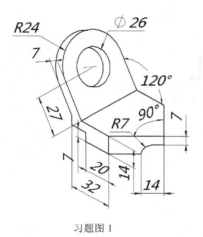

习题图 1

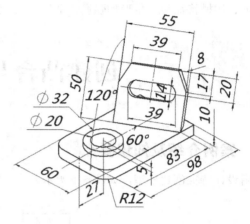

习题图 2

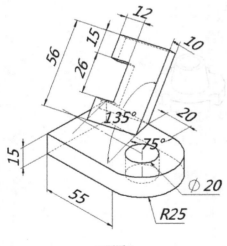

习题图 3

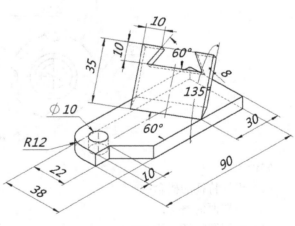

习题图 4

第5章 创建设计特征

设计特征必须以基体为基础，通过增加材料或减去材料将这些特征添加到基体中，系统会自动确定是布尔合或是布尔差操作。这些设计特征有：孔特征、凸台特征、腔体特征、凸垫特征、键槽特征、沟槽特征和三角形加强筋特征等。

5.1 创建凸台与孔

5.1.1 案例介绍及知识要点

应用设计特征创建模型，如图 5-1 所示。

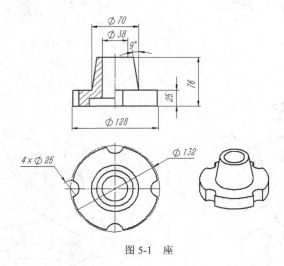

图 5-1　座

知识点
（1）设计特征的概念；
（2）放置面的概念；
（3）运用圆特征定位；
（4）创建凸台的方法；
（5）创建孔的方法。

5.1.2 设计理念

关于本零件设计理念的考虑如下：

（1）零件采用体素特征和设计特征构建；

（2）4×ø25 孔采用圆周阵列。

建模步骤如表 5-1 所示。

表 5-1   建模步骤

步骤一	步骤二	步骤三

5.1.3 操作步骤

步骤一：新建文件，创建毛坯

（1）新建文件"flange.prt"。

（2）选择【插入】|【设计特征】|【圆柱】命令，出现【圆柱】对话框。

① 在【轴】组中，激活【指定矢量】，在图形区选择 OZ 轴；

② 在【尺寸】组中，在【直径】文本框中输入 128，在【高度】文本框中输入 25。

如图 5-2 所示，单击【确定】按钮。

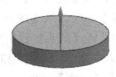

图 5-2 创建圆柱体

（3）单击【特征】工具栏上【凸台】按钮，出现【凸台】对话框。

① 在【直径】文本框中输入 70，在【高度】文本框中输入 76-25，在【锥角】文本框中输入 9；

② 提示行提示"选择平的放置面"，在图形区选择端面为放置面，如图 5-3 所示，单击【应用】按钮；

图 5-3 建立凸台

③ 出现【定位】对话框，提示行提示"选择定位方法或为垂线选择目标边/基准"，单击【点到点】按钮 ，提示行提示"选择目标对象"，在图形区选择端面的边缘，如图 5-4 所示；

图 5-4　定位

④ 出现【设置圆弧的位置】对话框，提示行提示"选择圆弧上点"，单击【圆弧中心】按钮，如图 5-5 所示。

图 5-5　创建凸台

步骤二：打底孔

单击【特征】工具栏上的【孔】按钮 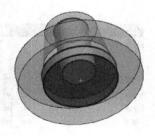，出现【孔】对话框。

① 从【类型】列表中选择【常规孔】选项；

② 激活【位置】组，提示行提示"选择要草绘的平面或指定点"，单击【点】按钮 ，在图形区选择面的圆心点为孔的中心；

③ 在【方向】组中，从【孔方向】列表中选择【垂直于面】选项；

④ 在【形状和尺寸】组中，从【成形】列表中选择【沉头】选项；

⑤ 在【尺寸】组中，在【沉头直径】文本框中输入 76，在【沉头深度】文本框中输入 12.5，在【直径】文本框中输入 35，从【深度限制】列表中选择【贯通体】选项。

如图 5-6 所示，单击【确定】按钮。

图 5-6　打孔

步骤三：打四周孔

（1）单击【特征】工具栏上的【孔】按钮 ，出现【孔】对话框。

① 从【类型】列表中选择【常规孔】选项；

② 激活【位置】组，提示行提示"选择要草绘的平面或指定点"，单击【绘制草图】按钮 ，在图形区选择底面，绘制圆心点草图，如图 5-7 所示；

③ 退出草图，在【方向】组中，从【孔方向】列表中选择【沿矢量】选项，在图形区选择 OX 方向；

④ 在【形状和尺寸】组中，从【成形】列表中选择【简单】选项；

⑤ 在【尺寸】组中，在【直径】文本框中输入 25，从【深度限制】列表中选择【贯通体】选项。

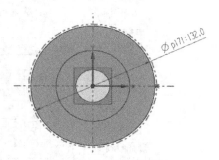

图 5-7 绘制圆心点草图

如图 5-8 所示，单击【确定】按钮。

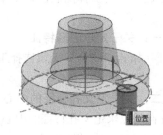

图 5-8 打孔

（2）选择【插入】|【关联复制】|【对特征形成图样】命令，出现【对特征形成图样】对话框。

① 在【要形成图样的特征】组中，激活【选择特征】，在图形区选择孔；

② 在【阵列定义】组中，从【布局】列表中选择【圆形】选项；

③ 在【边界定义】组中，激活【指定矢量】，在图形区设置方向，激活【指定点】，在图形区选择圆心；

④ 在【角度方向】组中，从【间距】列表中选择【数量和节距】选项，在【数量】文本框中输入 4，在【节距角】文本框中输入 90。

如图 5-9 所示，单击【确定】按钮。

步骤四：保存

选择【文件】|【保存】命令，保存文件。

图 5-9　圆周阵列

5.1.4　步骤点评

1．对于步骤一：关于放置面

设计特征需要一个放置面（Placement Face），对于圆台、腔体、凸垫、键槽等特征而言，放置面必须是平面。

放置面通常是选择已有实体的表面，如果没有平面可用作放置面，可使用相对基准平面作为放置面。

2．对于步骤一：关于定位圆形特征

对于圆形特征（如孔、圆台）无须选择工具边，定位尺寸为圆心（特征坐标系的原点）到目标边的垂直距离。

3．对于步骤二：关于定义孔特征的中心

可以利用已存在的点来定义孔特征的中心。开启捕捉点可用于辅助选择已存在的点或特征点。也可以进入草图环境，在草图中建立一个点来定义孔特征的中心。

4．对于步骤二：关于常规孔特征的类型

常规孔的类型包括以下几种。

（1）简单——创建具有指定直径、深度和尖端顶锥角的简单孔。

（2）沉头——创建具有指定直径、深度、顶锥角、沉头直径和沉头深度的沉头孔。

（3）埋头——创建有指定直径、深度、顶锥角、埋头直径和埋头角度的埋头孔。

（4）锥形——创建具有指定锥角和直径的锥孔。

5．对于步骤二：关于孔特征的深度限制

深度限制：指定孔的深度限制。其可用选项如下。

（1）值——创建指定深度的孔。

（2）直至选定对象——创建一个直至选定对象的孔。

（3）直至下一个——对孔进行扩展，直至孔到达下一个面。

（4）贯通体——创建一个通孔。

6．对于步骤三：关于孔特征方向

孔特征方向：指定孔的方向。其可用选项如下。

（1）垂直于面——沿着每个指定点的面方向的反向定义孔的方向。

> 提示：指定点必须在面上。

（2）沿矢量——沿指定的矢量方向定义孔的方向。

7．对于步骤三：关于参数化设计思想

如需建立本例中的圆周均布孔，根据参数化建模思想，应采用圆周阵列，但不宜在草图中建立圆周阵列点。

5.1.5　总结与拓展——定位圆形特征

设计特征的定位用于在放置面内确定特征的位置。在定位特征时，系统要求选择目标边和工具边。

- 基体上的边缘或基准被称为目标边。
- 特征上的边缘或特征坐标轴被称为工具边。

圆形特征的【定位】对话框，如图 5-10 所示。

圆形特征的定位方式主要有以下几种。

（1）【水平】定位方式 。

使用【水平】方法可在两点之间创建定位尺寸。水平尺寸与水平参考对齐，或与竖直参考成 90 度，如图 5-11 所示。

图 5-10　圆形特征的【定位】对话框

（2）【竖直】定位方式 。

使用【竖直】方法可在两点之间创建定位尺寸。竖直尺寸与竖直参考对齐，或与水平参考成 90 度，如图 5-12 所示。

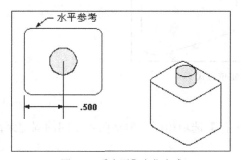

图 5-11　【水平】定位方式

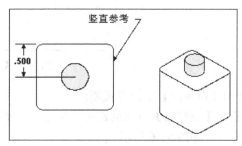

图 5-12　【竖直】定位方式

> 技巧：如果有水平和垂直目标边存在，使用两次【垂直】定位方式，可以代替【水平】和【竖直】定位方式。

（3）【平行】定位方式 。

使用【平行】方法创建的定位尺寸可约束两点（例如现有点、实体端点、圆弧中心点或圆弧切点）之间的距离，并平行于工作平面测量，如图 5-13 所示。

提示：创建圆弧上的切点的平行或任何其他线性类型的尺寸标注时，有两个可能的切点。必须选择所需的相切点附近的圆弧，如图 5-14 所示。

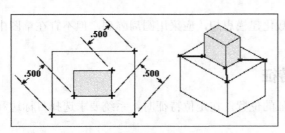

图 5-13　【平行】定位方式

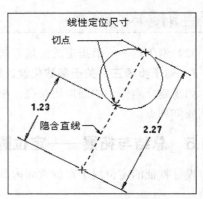

图 5-14　定位圆弧上的切点的平行

（4）【垂直】定位方式 。

使用【垂直】方法创建的定位尺寸，可约束目标实体的边缘与特征，或草图上的点之间的垂直距离。还可通过将基准平面或基准轴选作目标边缘，或选择任何现有曲线（不必在目标实体上），定位到基准。此约束用于标注与 XC 或 YC 轴不平行的线性距离。它仅以指定的距离将特征或草图上的点锁定到目标体上的边缘或曲线，如图 5-15 所示。

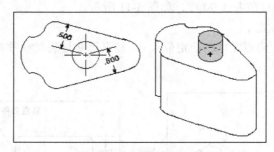

图 5-15　【垂直】定位方式

（5）【点到点】定位方式 。

使用【点到点】方法创建定位尺寸时与使用【平行】选项相同，但是两点之间的固定距离要设置为零，如图 5-16 所示。

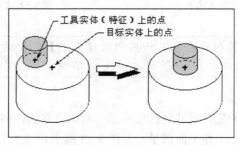

图 5-16　【点到点】定位方式

（6）【点到线】定位方式 ⊥。

使用【点到线】方法创建定位约束尺寸时与使用【垂直】选项相同，但是边或曲线与点之间的距离要设置为零，如图 5-17 所示。

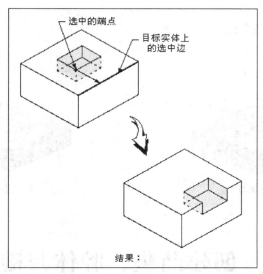

图 5-17 【点到线】定位方式

5.1.6 总结与拓展——凸台的创建

在平的表面或基准平面上可以创建凸台，【凸台】对话框和创建的凸台如图 5-18 所示。

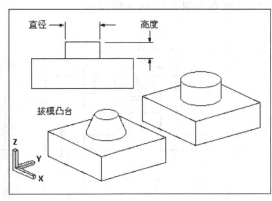

图 5-18 凸台

> 提示：凸台的拔模角允许为负值。

5.1.7 总结与拓展——孔特征的创建

使用孔命令可以建立以下类型的孔特征。

（1）常规孔（简单、沉头、埋头或锥形状）。

（2）钻形孔。

（3）螺钉间隙孔（简单、沉头或埋头形状）。

（4）螺纹孔。

（5）非平面上的孔。

（6）作为单个特征的多个孔。

5.1.8　随堂练习

随堂练习 1　　　　　　　　　　　　随堂练习 2

5.2　创建凸垫、腔体与键槽

5.2.1　案例介绍及知识要点

运用设计特征建立如图 5-19 所示的模型。

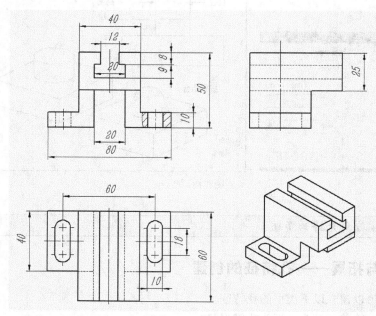

图 5-19　工作台

知识点

（1）创建凸垫、腔体与键槽的方法；

（2）运用非圆特征定位。

5.2.2　设计理念

关于本零件设计理念的考虑如下：

（1）零件采用对称结构；

（2）零件采用凸垫、腔体与键槽特征。

建模步骤如表 5-2 所示。

表 5-2　　　　　　　　　　　　　　　　　　建模步骤

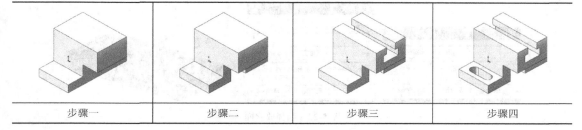

| 步骤一 | 步骤二 | 步骤三 | 步骤四 |

5.2.3　操作步骤

步骤一：新建文件，创建毛坯

（1）新建文件"workbench.prt"。

（2）选择【插入】|【设计特征】|【长方体】命令，出现【块】对话框。

① 从【类型】列表中选择【原点和边长】；

② 在【尺寸】组中，在【长度】文本框中输入 40，在【宽度】文本框中输入 80，在【高度】文本框中输入 10。

如图 5-20 所示，单击【确定】按钮，创建长方体。

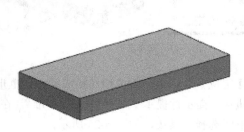

图 5-20　创建基体

（3）单击【特征操作】工具栏上的【基准平面】按钮 ，出现【基准平面】对话框。从【类型】列表中选择【自动判断】选项，在图形区选择两个面，如图 5-21 所示，单击【应用】按钮，创建两个面的二等分基准面。

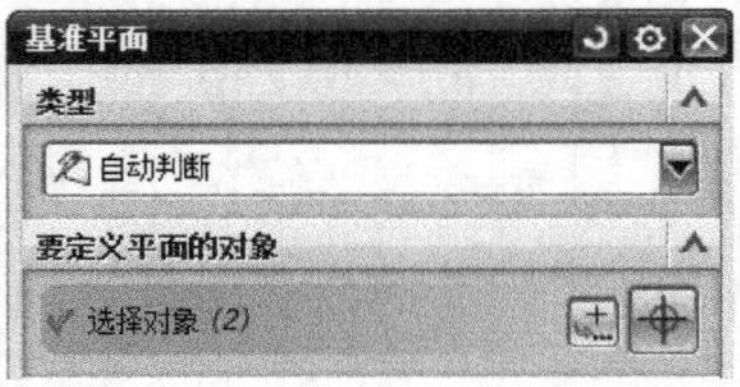

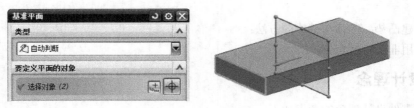

图 5-21 二等分基准面

（4）单击【特征】工具栏上的【垫块】按钮，出现【垫块】对话框。

① 单击【矩形】按钮，出现【矩形垫块】对话框，提示行提示“选择平的放置面”，在图形区选择放置面，如图 5-22 所示；

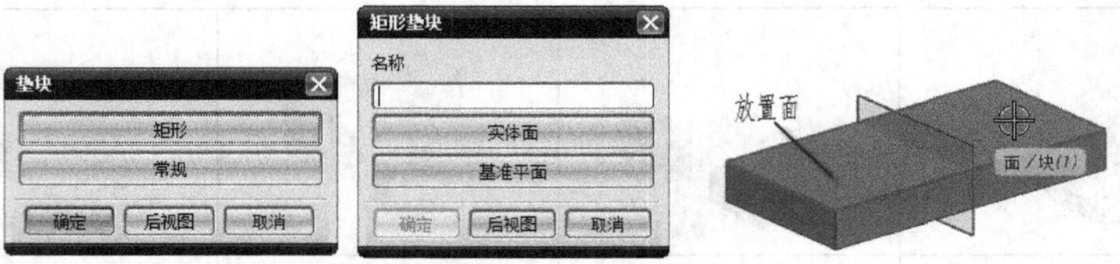

图 5-22 选择放置面

② 出现【水平参考】对话框，提示行提示“选择水平参考”，在图形区选择水平方向，如图 5-23 所示；

③ 出现【矩形垫块】对话框，在【长度】文本框中输入 40，在【宽度】文本框中输入 40，在【深度】文本框中输入 15，如图 5-24 所示，单击【确定】按钮；

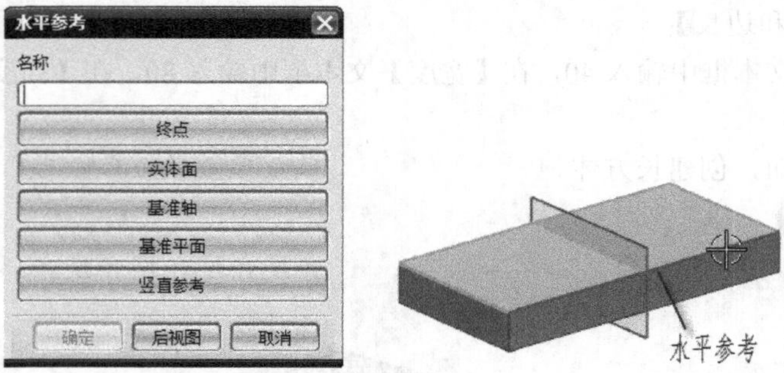

图 5-23 选择水平方向

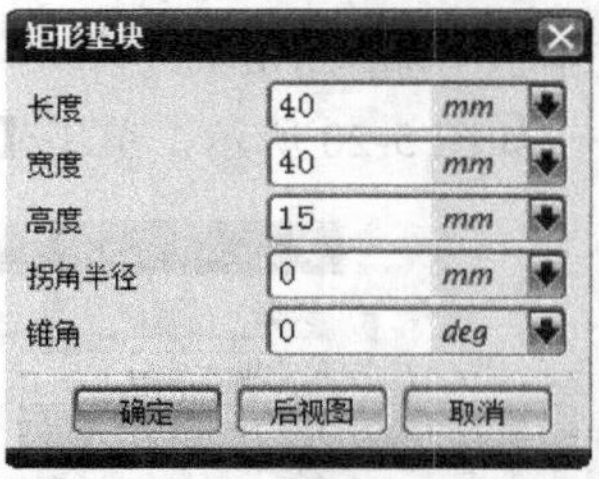

图 5-24 【矩形垫块】对话框

④ 出现【定位】对话框，将模型切换成静态线框形式，提示行提示“选择定位方法”，单击【线到线】按钮，提示行提示“选择目标边/基准”，在图形区选择目标边，提示行提示“选择工具边”，在图形区选择工具边，如图 5-25 所示；

⑤ 出现【定位】对话框，单击【线到线】按钮，提示行提示“选择目标边/基准”，在图形区选择目标边，提示行提示“选择工具边”，在图形区选择工具边，如图 5-26 所示。

（5）按同样的方法建立 40×60×25 的凸垫，将模型切换成带边着色的形式，如图 5-27 所示。

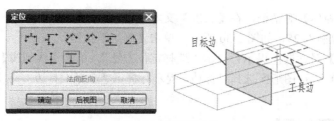

图 5-25 线到线定位

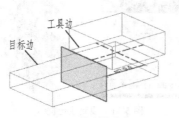

图 5-26 线到线定位

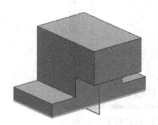

图 5-27 40×60×25 的凸垫

步骤二：建立切槽

单击【特征】工具栏上的【腔体】按钮🖫，出现【腔体】对话框。

① 单击【矩形】按钮，出现【矩形腔体】对话框，提示行提示"选择平的放置面"，在图形区选择放置面，如图 5-28 所示；

图 5-28 选择放置面

② 出现【水平参考】对话框，提示行提示"选择水平参考"，在图形区选择水平方向，如图 5-29 所示；

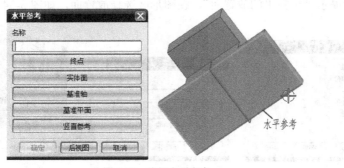

图 5-29 选择水平方向

③ 出现【矩形腔体】对话框，在【长度】文本框中输入 20，在【宽度】文本框中输入 40，在【深度】文本框中输入 25，如图 5-30 所示，单击【确定】按钮；

④ 出现【定位】对话框，提示行提示"选择定位方法"，单击【线到线】按钮 工，提示行提示"选择目标边/基准"，在图形区选择目标边，提示行提示"选择工具边"，在图形区选择工具边，如图 5-31 所示；

图 5-30 【矩形腔体】对话框

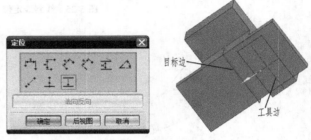

图 5-31 线到线定位

⑤ 出现【定位】对话框，提示行提示"选择定位方法"，单击【线到线】按钮 工，提示行提示"选择目标边/基准"，在图形区选择目标边，提示行提示"选择工具边"，在图形区选择工具边，如图 5-32 所示；

⑥ 使用等轴测显示模型，如图 5-33 所示。

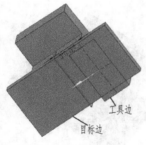

图 5-32 线到线定位

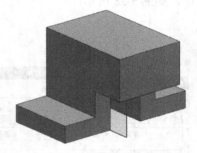

图 5-33 等轴测显示模型

步骤三：建立 T 型槽

单击【特征】工具栏上的【键槽】按钮 ，出现【键槽】对话框。

① 选中【T 型键槽】单选按钮，选中【通槽】复选框，单击【确定】按钮，出现【T 型键槽】对话框，提示行提示"选择平的放置面"，在图形区选择放置面，如图 5-34 所示；

图 5-34 选择放置面

② 出现【水平参考】对话框，提示行提示"选择水平参考"，在图形区选择水平方向，如图 5-35 所示；

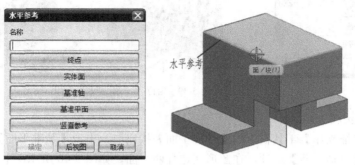

图 5-35 选择水平方向

③ 出现【T 型键槽】对话框，提示行提示"选择起始贯通面"，在图形区选择起始贯通面，如图 5-36 所示；

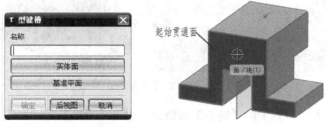

图 5-36 选择起始贯通面

④ 出现【T 型键槽】对话框，提示行提示"选择终止贯通面"，在图形区选择终止贯通面，如图 5-37 所示；

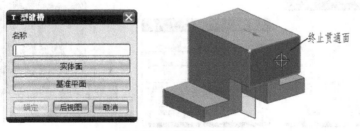

图 5-37 选择终止贯通面

⑤ 出现【T 型键槽】对话框，在【顶部宽度】文本框中输入 12，在【顶部深度】文本框中输入 8，在【底部宽度】文本框中输入 20，在【底部深度】文本框中输入 9，如图 5-38 所示，单击【确定】按钮；

⑥ 出现【定位】对话框，提示行提示"选择定位方法"，单击【线到线】按钮，提示行提示"选择目标边/基准"，在图形区选择目标边，提示行提示"选择工具边"，在图形区选择工具边。

如图 5-39 所示，单击【确定】按钮。

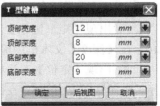

图 5-38 【T 型键槽】对话框

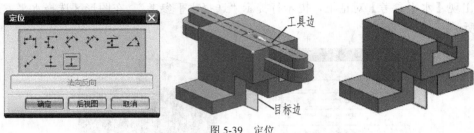

图 5-39　定位

步骤四：建立腰型孔

（1）单击【特征操作】工具栏上的【基准平面】按钮，出现【基准平面】对话框。从【类型】列表中选择【自动判断】选项，在图形区选择两个面，如图 5-40 所示，单击【应用】按钮，创建两个面的二等分基准面。

图 5-40　二等分基准面

（2）单击【特征】工具栏上的【键槽】按钮，出现【键槽】对话框。

① 选中【矩形槽】单选按钮，取消【通槽】复选框，单击【确定】按钮，出现【矩型键槽】对话框，提示行提示"选择平的放置面"，在图形区选择放置面，如图 5-41 所示；

图 5-41　选择放置面

② 出现【水平参考】对话框，提示行提示"选择水平参考"，在图形区选择水平方向，如图 5-42 所示；

③ 出现【矩型键槽】对话框，在【长度】文本框中输入 18+10，在【宽度】文本框中输入 10，在【深度】文本框中输入 10，如图 5-43 所示，单击【确定】按钮；

④ 出现【定位】对话框，提示行提示"选择定位方法"，单击【线到线】按钮，提示行提示"选择目标边/基准"，在图形区选择目标边，提示行提示"选择工具边"，在图形区选择工具边，如图 5-44 所示；

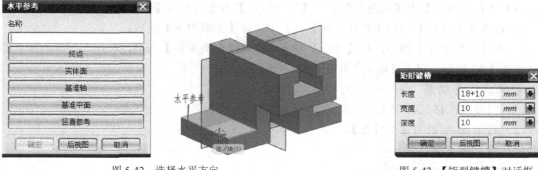

图 5-42 选择水平方向   图 5-43 【矩型键槽】对话框

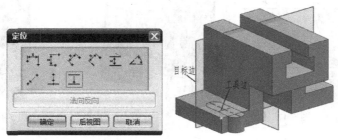

图 5-44 线到线定位

⑤ 出现【定位】对话框，提示行提示"选择定位方法"，单击【垂直】按钮，提示行提示"选择目标边/基准"，在图形区选择目标边，提示行提示"选择工具边"，在图形区选择工具边，如图 5-45 所示；

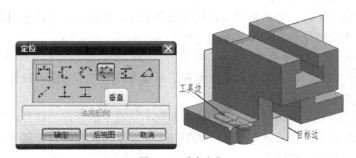

图 5-45 垂直定位

⑥ 出现【创建表达式】对话框，在文本框中输入 30，如图 5-46 所示，单击【确定】按钮。

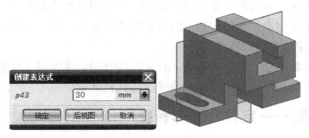

图 5-46 创建表达式

（3）选择【插入】|【关联复制】|【镜像特征】命令，出现【镜像特征】对话框。

① 在【相关特征】组的【候选特征】列表中选择【矩型键槽】选项；

② 在【镜像平面】组中，从【平面】列表中选择【现有平面】选项，在图形区选取镜像面。

如图 5-47 所示，单击【确定】按钮，建立镜像特征。

步骤五：移动层

（1）将基准面移到第 61 层。

（2）将第 61 层设为【不可见】。

最终效果如图 5-48 所示。

 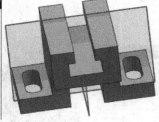 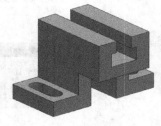

　　　　图 5-47　镜像特征　　　　　　　　　　　　　　　　　　　　图 5-48　完成建模

步骤六：保存

选择【文件】|【保存】命令，保存文件。

5.2.4　步骤点评

1．对于步骤一：关于建模理念

利用体素特征建立基体，然后利用设计特征完善毛坯。建模过程可以采用叠加或切除方式，本例采用了叠加和切除结合的方式。

2．对于步骤一：关于水平参考

对于圆形特征，如圆台，不需要指定水平和垂直参考；而对于非圆形特征，如腔体、凸垫和键槽，则必须指定水平参考或垂直参考。

水平参考定义了特征坐标系的 XC 轴方向，任何不垂直于放置面的线性边缘、平面、基准轴和基准面，均可被选择用来定义水平参考。水平参考被要求定义在具有长度参数的成型特征的长度方向上，如腔体、凸垫和键槽。

如果在真正的水平方向上没有有效的边缘可使用，则可以指定一个垂直参考。根据垂直参考方向，系统将会推断出水平参考方向。如果在真正的水平方向和垂直方向上都没有有效的边缘可使用，则必须创建用于水平参考的基准面或基准轴。在创建这些设计特征之前，用户不仅要考虑放置面，还要考虑如何指定水平参考和如何选择定位的目标边，这一点很重要。

3．对于步骤一：定位非圆形特征

对于非圆形特征（如凸垫、腔体和键槽）在定位特征时，系统要求选择目标边和工具边。对于凸垫，为方便选择工具边，一般将模型切换成静态线框形式。

5.2.5　总结与拓展——定位非圆形特征

非圆形特征的【定位】对话框，如图 5-49 所示。

非圆形特征的定位方式主要有以下几种。

（1）【按一定距离平行】定位方式 🔧 。

【按一定距离平行】方法创建一个定位尺寸，它对特征或草图的线性边和目标实体（或者任意现有曲线，或不在目标实体上）的线性边进行约束，以使其平行并相距固定的距离。此约束仅以指定的距离将特征或草图上的边缘锁定到目标体上的边缘或曲线，如图 5-50 所示。

图 5-49　非圆形特征的【定位】对话框

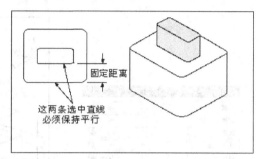

图 5-50　【按一定距离平行】定位方式

> 提示：【按一定距离平行】定位方式约束了两个自由度：一个移动自由度和一个 ZC 轴旋转自由度。

（2）【成角度】定位方式 🔺 。

【角度】方法以给定的角度，在特征的线性边和线性参考边/曲线之间创建定位约束尺寸，如图 5-51 所示。

（3）【直线到直线】定位方式 🔧 。

使用【直线到直线】方法采用和【按一定距离平行】选项相同的方法创建定位约束尺寸，但是在目标实体上，特征或草图的线性边和线性边或曲线之间的距离要设置为零，如图 5-52 所示。

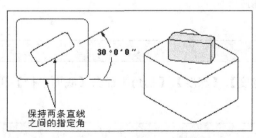

图 5-51　【成角度】定位方式

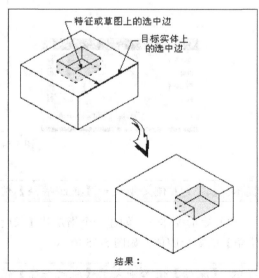

图 5-52　【直线到直线】定位方式

5.2.6　总结与拓展——凸垫的创建

在实体上可以创建一个矩形凸垫或一般凸垫。

通过【矩形凸垫】对话框可以创建一个指定其【长度】、【宽度】、【高度】、【拐角半径】和【锥角】的矩形凸垫，如图 5-53 所示。

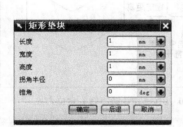
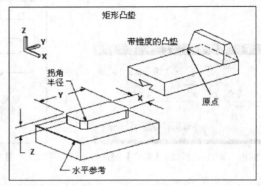

图 5-53　矩形凸垫

5.2.7　总结与拓展——腔体的创建

在实体上可以创建一个圆柱形腔体、矩形腔体或一般腔体。

（1）圆柱形腔体——创建一个指定其【直径】、【深度】、【底面半径】和【锥角】的圆柱形腔体，如图 5-54 所示。

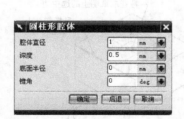
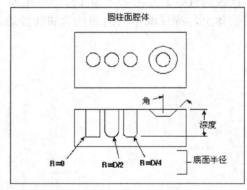

图 5-54　圆柱形腔体

提示：【深度】值必须大于【底面半径】值。

（2）矩形腔体——创建一个指定其【长度】、【宽度】、【深度】、【拐角半径】、【底面半径】和【锥角】的矩形腔体，如图 5-55 所示。

提示：【深度】值必须大于【底面半径】值。

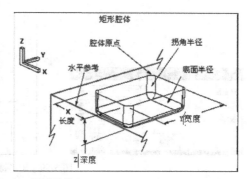

图 5-55 矩形腔体

5.2.8 总结与拓展——键槽的创建

通过【键槽】对话框可以在实体上创建一个矩形键槽、球形键槽、U 形键槽、T 形键槽或燕尾形键槽，如图 5-56 所示。

选中【通槽】复选框，要求选择两个通过面——起始通过面和终止通过面。槽的长度定义为完全通过这两个面，如图 5-57 所示。

图 5-56 【键槽】对话框

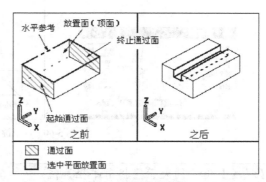

图 5-57 通槽示意图

（1）矩形键槽——创建一个指定其【宽度】、【深度】和【长度】的矩形键槽，如图 5-58 所示。

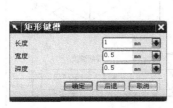

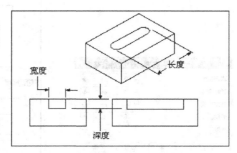

图 5-58 矩形键槽

（2）球形键槽——创建一个指定其【球直径】、【深度】和【长度】的球形键槽，如图 5-59 所示。

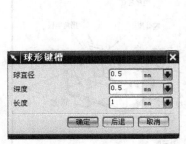

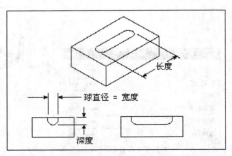

图 5-59 矩形键槽

提示: 球形键槽保留有完整半径的底部和拐角。【深度】值必须大于球体半径(球体直径的一半)。

(3)U 形键槽——创建一个指定其【宽度】、【深度】、【拐角半径】和【长度】的 U 形键槽,如图 5-60 所示。

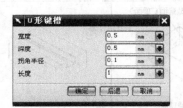

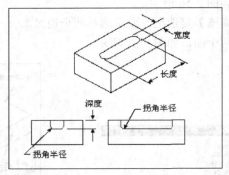

图 5-60 U 形键槽

提示:【深度】值必须大于【拐角半径】值。

(4)T 形键槽——创建一个指定其【顶部宽度】、【顶部深度】、【底部宽度】、【底部深度】和【长度】的 T 形键槽,如图 5-61 所示。

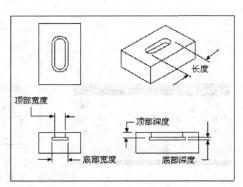

图 5-61 T 形键槽

(5)燕尾形键槽——创建一个指定其【宽度】、【深度】、【角度】和【长度】的燕尾形键槽,如图 5-62 所示。

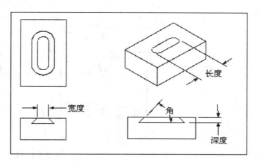

图 5-62 燕尾形键槽

5.2.9 总结与拓展——在轴上建立键槽

（1）键槽的放置面为平面，如要在轴上建立键槽，需要先建立基准面；

（2）建立与放置面为平面垂直的基准面，作为水平参考和定位目标边；

（3）建立与水平参考基准面垂直的基准面，作为定位目标边。

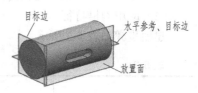

图 5-63 在轴上建立的键槽

在轴上建立的键槽如图 5-63 所示。

5.2.10 随堂练习

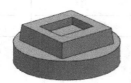

随堂练习 3　　　　　　　随堂练习 4

5.3　创建沟槽

5.3.1 案例介绍及知识要点

运用设计特征建立如图 5-64 所示的模型。

知识点

（1）沟槽放置面的概念；

（2）创建沟槽的方法；

（3）运用特征定位。

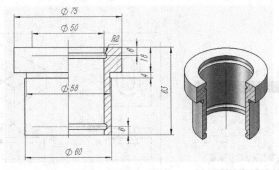

图 5-64　导套

5.3.2　设计理念

关于本零件设计理念的考虑如下：

（1）零件采用体素特征和设计特征来构建；

（2）应用沟槽特征。

建模步骤如表 5-3 所示。

表 5-3　　　　　　　　　　　　　　　　建模步骤

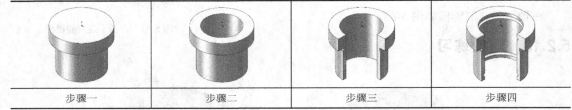

步骤一	步骤二	步骤三	步骤四

5.3.3　操作步骤

步骤一：新建文件，创建毛坯

（1）新建文件"sleeve.prt"。

（2）选择【插入】|【设计特征】|【圆柱】命令，出现【圆柱】对话框。

① 在【轴】组中，激活【指定矢量】，在图形区选择 OY 轴；

② 在【尺寸】组中，在【直径】文本框中输入 75，在【高度】文本框中输入 18。

如图 5-65 所示，单击【确定】按钮。

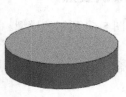

图 5-65　创建圆柱体

（3）单击【特征】工具栏上的【凸台】按钮，出现【凸台】对话框。

① 在【直径】文本框中输入 60，在【高度】文本框中输入 63-18；

② 提示行提示"选择平的放置面"，在图形区选择端面为放置面，如图 5-66 所示，单击【应用】按钮；

图 5-66　建立凸台

③ 出现【定位】对话框，提示行提示"选择定位方法或为垂线选择目标边/基准"，单击【点到点】按钮，提示行提示"选择目标对象"，在图形区选择端面边缘，如图 5-67 所示；

图 5-67　定位

④ 出现【设置圆弧的位置】对话框，提示行提示"选择圆弧上点"，单击【圆弧中心】按钮，如图 5-68 所示。

图 5-68　创建凸台

步骤二：创建孔

单击【特征】工具栏上的【孔】按钮，出现【孔】对话框。

① 从【类型】列表中选择【常规孔】选项；

② 激活【位置】组，提示行提示"选择要草绘的平面或指定点"，单击【点】按钮，选择面的圆心点为孔的中心；

③ 在【方向】组中，从【孔方向】列表中选择【垂直于面】选项；

④ 在【形状和尺寸】组中，从【成形】列表中选择【简单】选项；

⑤ 在【尺寸】组中，在【直径】文本框中输入 50，从【深度限制】列表中选择【贯通体】选项。

如图 5-69 所示，单击【确定】按钮。

图 5-69　打孔

步骤三：创建外沟槽

单击【特征】工具栏上的【沟槽】按钮，出现【槽】对话框。

① 单击【矩形】按钮，出现【矩形槽】对话框，提示行提示"选择放置面"，在图形区选择放置面，如图 5-70 所示；

图 5-70　选择放置面

② 出现【矩形槽】对话框，在【槽直径】文本框中输入 58，在【宽度】文本框中输入 4，如图 5-71 所示，单击【确定】按钮；

③ 出现【定位槽】对话框，提示行提示"选择目标边或'确定'接受初始位置"，在图形区选择端面边缘，提示行提示"选择刀具边"，在图形区选择槽边缘，如图 5-72 所示；

图 5-71　建立沟槽

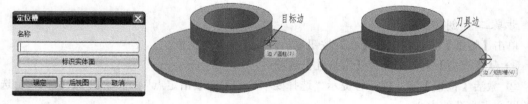

图 5-72　定位沟槽

④ 出现【创建表达式】对话框，在文本框中输入 0，如图 5-73 所示，单击【确定】按钮。

步骤四：创建内沟槽

（1）将模型切换成静态线框形式，单击【特征】工具栏上的【沟槽】按钮，出现【槽】对话框。

图 5-73 定位沟槽

① 单击【球形端槽】按钮，出现【球形端槽】对话框，提示行提示"选择放置面"，在图形区选择放置面，如图 5-74 所示；

图 5-74 选择放置面

② 出现【球形端槽】对话框，在【槽直径】文本框中输入 58，在【宽度】文本框中输入 4，如图 5-75 所示，单击【确定】按钮；

③ 出现【定位槽】对话框，提示行提示"选择目标边或'确定'接受初始位置"，在图形区选择端面边缘，提示行提示"选择刀具边"在图形区选择槽边缘，如图 5-76 所示；

图 5-75 建立沟槽

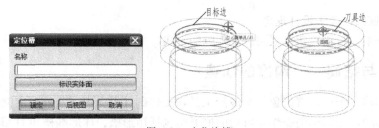

图 5-76 定位沟槽

④ 出现【创建表达式】对话框，在文本框中输入 6，如图 5-77 所示，单击【确定】按钮。

（2）按同样的操作方法创建另一沟槽，如图 5-78 所示。

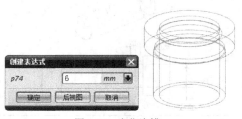

图 5-77 定位沟槽

图 5-78 沟槽

步骤五：保存

选择【文件】|【保存】命令，保存文件。

5.3.4　步骤点评

1．对于步骤三：关于沟槽特征的放置面

【沟槽】命令只可以对圆柱形或圆锥形面操作，可以选择一个外部的或内部的面作为槽的定位面。

2．对于步骤三：关于沟槽特征的结构

槽的轮廓对称于通过选择点的平面并垂直于旋转轴，如图 5-79 所示。

3．对于步骤三：关于沟槽特征的定位

槽的定位和其他的成形特征的定位稍有不同。只能在一个方向上定位槽，即沿着目标实体的轴定位，且没有定位尺寸菜单出现。通过选择目标实体的一条边及工具（即槽）的边或中心线来定位槽，如图 5-80 所示。

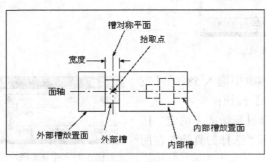

图 5-79　沟槽结构

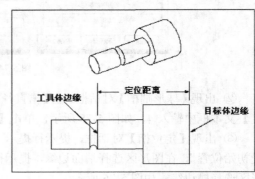

图 5-80　槽的定位

4．对于步骤四：关于设计理念

如需建立一组密封槽，建议采用线性阵列的方式。

5.3.5　总结与拓展——沟槽的创建

在实体上创建一个槽，就好象一个成形工具在旋转部件上向内（从外部定位面）或向外（从内部定位面）移动，如同车削操作。可用的槽类型包括矩形槽、球形端槽和 U 形槽。

（1）矩形槽——创建一个指定其【槽直径】和【宽度】的矩形槽，如图 5-81 所示。

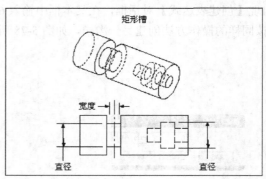

图 5-81　矩形槽

（2）球形端槽——创建一个指定其【槽直径】和【球直径】的球形端槽，如图 5-82 所示。

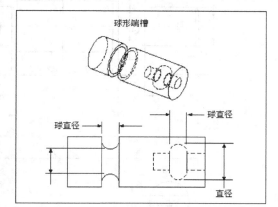

图 5-82　球形端槽

（3）U 形槽——创建一个指定其【槽直径】、【宽度】和【拐角半径】的 U 形槽，如图 5-83 所示。

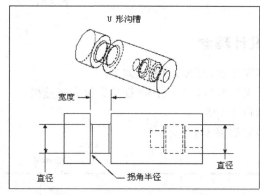
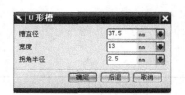

图 5-83　U 形槽

5.3.6　随堂练习

随堂练习 5

随堂练习 6

5.4　实战练习

应用设计特征创建轴的模型，如图 5-84 所示。

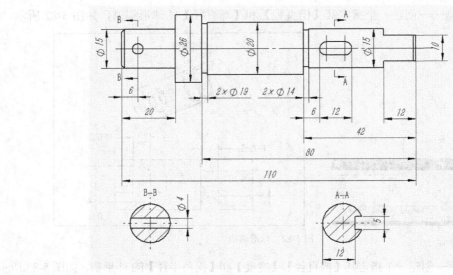

图 5-84 轴

5.4.1 设计理念

关于本零件设计理念的考虑如下：

（1）采用体素特征与设计特征参数化完成建模；

（2）倒角 1×45°。

建模步骤如表 5-4 所示。

表 5-4 建模步骤

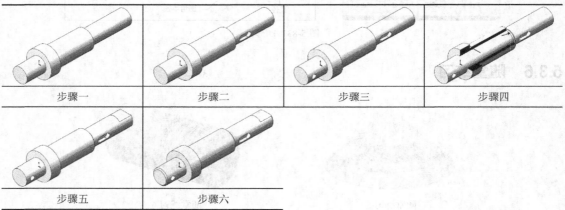

步骤一	步骤二	步骤三	步骤四
步骤五	步骤六		

5.4.2 操作步骤

步骤一：新建文件，创建毛坯

（1）新建文件"axle.prt"。

（2）选择【插入】|【设计特征】|【圆柱】命令，出现【圆柱】对话框。

① 在【轴】组中，激活【指定矢量】，在图形区选择 OY 轴；

② 在【直径】文本框中输入 26，在【高度】文本框中输入 10。

如图 5-85 所示，单击【确定】按钮。

（3）单击【特征】工具栏上的【凸台】按钮，出现【凸台】对话框。

① 在【直径】文本框中输入 15，在【高度】文本框中输入 20；

② 提示行提示"选择平的放置面"，在图形区选择端面为放置面，如图 5-86 所示，单击【应用】按钮；

图 5-85　创建轴肩

图 5-86　建立凸台

③ 出现【定位】对话框，提示行提示"选择定位方法或为垂线选择目标边/基准"，单击【点到点】按钮，提示行提示"选择目标对象"，在图形区选择端面边缘，如图 5-87 所示；

图 5-87　定位

④ 出现【设置圆弧的位置】对话框，提示行提示"选择圆弧上点"，单击【圆弧中心】按钮，如图 5-88 所示。

（4）按同样的方法分别建立其他轴段，如图 5-89 所示。

图 5-88　建立轴段

图 5-89　建立毛坯

步骤二：建立键槽

（1）单击【特征操作】工具栏上的【基准平面】按钮，出现【基准平面】对话框。

① 从【类型】列表中选择【自动判断】选项，在图形区选择圆柱表面，自动建立相切的基准面，单击【应用】按钮，建立基准面 1；

② 选择圆柱表面和新建的基准面 1，单击【应用】按钮，建立基准面 2；

③ 选择圆柱表面和新建的基准面 2，单击【应用】按钮，建立基准面 3；

④ 选择基准面 1 和基准面 3，单击【应用】按钮，建立二等分基准面 4；

⑤ 选择端面，在【距离】文本框中输入 0，单击【应用】按钮，建立等距为 0 的基准面 5；

⑥ 选择端面，在【距离】文本框中输入 0，单击【应用】按钮，建立等距为 0 的基准面 6；

⑦ 选择另一端面，在【距离】文本框中输入 0，单击【确定】按钮，建立等距为 0 的基准面 7，如图 5-90 所示。

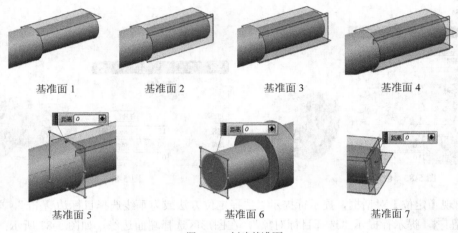

图 5-90 创建基准面

（2）单击【特征】工具栏上的【键槽】按钮，出现【键槽】对话框。

① 选中【矩形槽】单选按钮，取消【通槽】复选框，单击【确定】按钮，出现【矩形键槽】对话框，提示行提示"选择平的放置面"，在图形区选择放置面，如图 5-91 所示，单击【接受默认边】按钮；

图 5-91 选择放置面

② 出现【水平参考】对话框，提示行提示"选择水平参考"，在图形区选择水平方向，如图 5-92 所示；

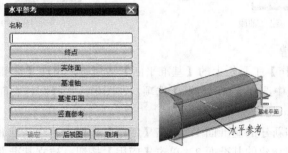

图 5-92 选择水平方向

③ 出现【矩型键槽】对话框，在【长度】文本框中输入12，在【宽度】文本框中输入5，在【深度】文本框中输入3，如图5-93所示，单击【确定】按钮；

图5-93 【矩型键槽】对话框

④ 出现【定位】对话框，提示行提示"选择定位方法"，单击【线到线】按钮工，提示行提示"选择目标边/基准"，在图形区选择目标边，提示行提示"选择工具边"，在图形区选择工具边，如图5-94所示；

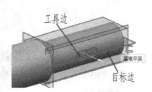

图5-94 定位

⑤ 出现【定位】对话框，提示行提示"选择定位方法"，单击【垂直】按钮，提示行提示"选择目标边/基准"，在图形区选择目标边，提示行提示"选择工具边"，在图形区选择工具边，如图5-95所示；

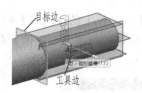

图5-95 定位

⑥ 出现【设置圆弧的位置】对话框，单击【相切点】按钮，出现【创建表达式】对话框，在文本框中输入6，如图5-96所示，单击【确定】按钮。

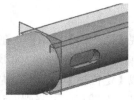

图5-96 定位

步骤三：钻孔

单击【特征】工具栏上的【孔】按钮，出现【孔】对话框。

① 从【类型】列表中选择【常规孔】选项；

② 激活【位置】组，提示行提示"选择要草绘的平面或指定点"，单击【绘制草图】按钮，在图形区选择基准面2绘制圆心点草图，如图5-97所示；

③ 退出草图，在【方向】组中，从【孔方向】列表中

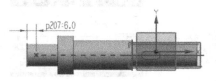

图5-97 绘制圆心点草图

选择【沿矢量】选项,在图形区选择方向;

④ 在【形状和尺寸】组中,从【成形】列表中选择【简单】选项;

⑤ 在【尺寸】组中,在【直径】文本框中输入4,从【深度限制】列表中选择【贯通体】选项,如图 5-98 所示,单击【确定】按钮。

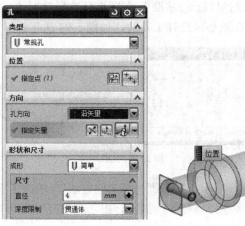

图 5-98 打孔

步骤四:建立退刀槽

(1) 单击【特征】工具栏上的【沟槽】按钮,出现【槽】对话框。

① 单击【矩形】按钮,出现【矩形槽】对话框,提示行提示"选择放置面",在图形区选择放置面,如图 5-99 所示;

图 5-99 选择放置面

② 出现【矩形槽】对话框,在【槽直径】文本框中输入 19,在【宽度】文本框中输入 2,如图 5-100 所示,单击【确定】按钮;

③ 出现【定位槽】对话框,提示行提示"选择目标边或'确定'接受初始位置",在图形区选择端面边缘,提示行提示"选择工具边",在图形区选择槽的边缘,如图 5-101 所示;

图 5-100 建立沟槽

图 5-101 定位沟槽

④ 出现【创建表达式】对话框，在文本框中输入 0，如图 5-102 所示，单击【确定】按钮。

（2）按同样的方法完成另一个退刀槽的创建，如图 5-103 所示。

图 5-102　定位沟槽

图 5-103　退刀槽

步骤五：切端面

（1）单击【特征】工具栏上的【腔体】按钮，出现【腔体】对话框。

① 单击【矩形】按钮，出现【矩形腔体】对话框，提示行提示"选择平的放置面"，在图形区选择放置面，如图 5-104 所示，单击【接受默认边】按钮；

图 5-104　选择放置面

② 出现【水平参考】对话框，提示行提示"选择水平参考"，在图形区选择水平方向，如图 5-105 所示；

③ 出现【矩形腔体】对话框，在【长度】文本框中输入 12，在【宽度】文本框中输入 15，在【深度】文本框中输入 2.5，如图 5-106 所示，单击【确定】按钮；

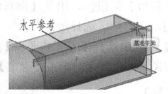

图 5-105　选择水平方向

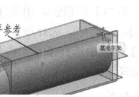

图 5-106　【矩形腔体】对话框

④ 出现【定位】对话框，提示行提示"选择定位方法"，单击【线到线】按钮，提示行提示"选择目标边/基准"，在图形区选择目标边，提示行提示"选择工具边"，在图形区选择工具边，如图 5-107 所示；

⑤ 出现【定位】对话框，提示行提示"选择定位方法"，单击【线到线】按钮，提示行提示"选择目标边/基准"，在图形区选择目标边，提示行提示"选择工具边"，在图形区选择工具边，

如图 5-108 所示。

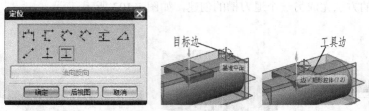

图 5-107　线到线定位

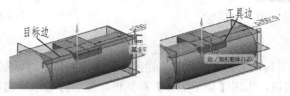

图 5-108　线到线定位

（2）选择【插入】|【关联复制】|【镜像特征】命令，出现【镜像特征】对话框。

① 在【要镜像的特征】组中，激活【选择特征】，在图形区选择腔体；

② 在【镜像平面】组中，从【平面】列表中选择【现有平面】选项，在图形区选取镜像面。

如图 5-109 所示，单击【确定】按钮，建立镜像特征。

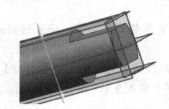

图 5-109　镜像特征

步骤六：倒角

单击【特征操作】工具栏上的【倒斜角】按钮，出现【倒斜角】对话框。

① 在【边】组中，激活【选择边】，在图形区选择边；

② 在【偏置】组中，从【横截面】列表中选择【偏置和角度】选项，在【距离】文本框中输入 1，在【角度】文本框中输入 45，如图 5-110 所示，单击【确定】按钮。

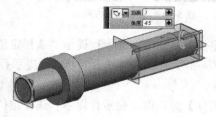

图 5-110　倒角

步骤七：移动层

（1）将基准面移到第 61 层。

（2）将第 61 层设为【不可见】。

最终效果如图 5-111 所示。

图 5-111　轴

步骤八：保存

选择【文件】｜【保存】命令，保存文件。

5.5　上机练习

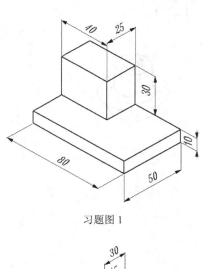

习题图 1

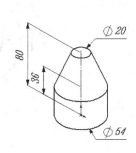

习题图 2

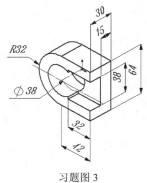

习题图 3

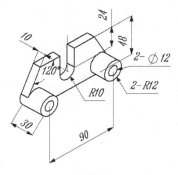

习题图 4

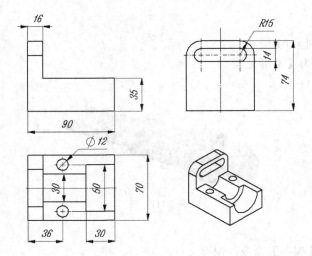

习题图 5

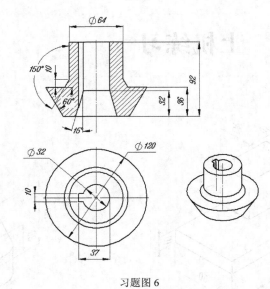

习题图 6

第6章 创建细节特征

用于仿真精加工过程的特征,主要包含以下几种。

- 边缘操作:边倒圆、面倒圆、软倒圆和倒斜角。
- 面操作:拔模、体拔模、偏置面、修补、分割面和连接面。
- 体操作:抽壳、螺纹、缝合、包裹几何体、缩放体、拆分体、修剪体和实例特征。

6.1 创建恒定半径倒圆、边缘倒角

6.1.1 案例介绍及知识要点

创建模型,如图 6-1 所示。

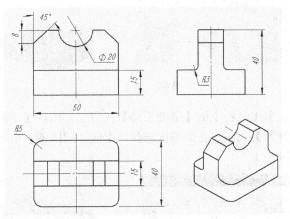

图 6-1　恒定半径倒圆、倒角

知识点

(1)创建恒定半径倒圆的方法;

(2)边缘倒角的方法。

6.1.2 设计理念

关于本零件设计理念的考虑如下:

(1)零件为对称零件;

(2)采用多半径倒圆角。

建模步骤如表 6-1 所示。

表 6-1   建模步骤

步骤一	步骤二	步骤三

6.1.3 操作步骤

步骤一：新建文件，创建毛坯

（1）新建文件"Edge_Blend.prt"。

（2）选择【插入】|【设计特征】|【长方体】命令，出现【块】对话框。在【尺寸】组中，在【长度】文本框中输入 40，在【宽度】文本框中输入 50，在【高度】文本框中输入 15，如图 6-2 所示，单击【确定】按钮，创建长方体。

图 6-2 创建基体

（3）单击【特征操作】工具栏上的【基准平面】按钮□，出现【基准平面】对话框。从【类型】列表中选择【自动判断】选项，在图形区选择两个面，如图 6-3 所示，单击【应用】按钮，创建两个面的二等分基准面 1。

图 6-3 二等分基准面 1

（4）选择两个面，如图 6-4 所示，单击【确定】按钮，创建两个面的二等分基准面 2。

图 6-4 二等分基准面 2

（5）单击【特征】工具栏上的【垫块】按钮，出现【垫块】对话框。

① 单击【矩形】按钮，出现【矩形垫块】对话框，提示行提示"选择平的放置面"，在图形区选择放置面，如图6-5所示；

图6-5　选择放置面

② 出现【水平参考】对话框，提示行提示"选择水平参考"，在图形区选择水平方向，如图6-6所示；

③ 出现【矩形垫块】对话框，在【长度】文本框中输入50，在【宽度】文本框中输入15，在【高度】文本框中输入25，如图6-7所示；

图6-6　选择水平方向　　　　　　　　　　　　　　　图6-7　【矩形垫块】对话框

④ 出现【定位】对话框，将模型切换成静态线框形式，提示行提示"选择定位方法"，单击【线到线】按钮，提示行提示"选择目标边/基准"，在图形区选择目标边，提示行提示"选择工具边"，在图形区选择工具边，如图6-8所示；

⑤ 出现【定位】对话框，单击【线到线】按钮，提示行提示"选择目标边/基准"，在图形区选择目标边，提示行提示"选择工具边"，在图形区选择工具边，如图6-9所示。

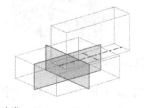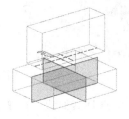

图6-8　线到线定位　　　　　　　　　　　　　图6-9　线到线定位

（6）单击【特征】工具栏上的【孔】按钮，出现【孔】对话框。

① 从【类型】列表中选择【常规孔】选项；

② 激活【位置】组，提示行提示"选择要草绘的平面或指定点"，单击【点】按钮，在图形区选择面的圆心点为孔的中心；

③ 在【方向】组中，从【孔方向】列表中选择【沿矢量】选项，确定孔的方向；

④ 在【形状和尺寸】组中，从【成形】列表中选择【简单】选项；

⑤ 在【尺寸】组中，在【直径】文本框中输入 20，从【深度限制】列表中选择【贯通体】选项。

如图 6-10 所示，单击【确定】按钮。

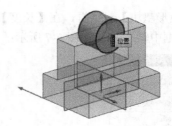

图 6-10　打孔

步骤二：倒圆角

选择【插入】|【细节特征】|【边倒圆】命令，打开【边倒圆】对话框。

① 在【要倒圆的边】组中，激活【选择边】，为第一个边集选择两条边，在【半径 1】文本框中输入 3，如图 6-11 所示；

② 单击【添加新集】按钮，完成【半径 1】边集的添加，如图 6-12 所示；

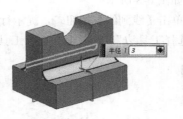

图 6-11　为第一个边集选择的两条边线串　　　　　　　图 6-12　半径 1 边集已完成

③ 选择其他边，在【半径 2】文本框中输入 5，如图 6-13 所示；

④ 单击【添加新集】按钮，完成半径 2 边集，如图 6-14 所示；

⑤ 如图 6-15 所示，单击【确定】按钮，完成倒角的操作。

步骤三：倒斜角

选择【插入】|【细节特征】|【倒斜角】命令，打开【倒斜角】对话框。

① 在【边】组中，激活【选择边】，在图形区选择两条边；

图 6-13　为半径 2 边集选择的边

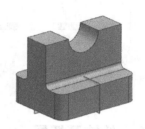

图 6-14　半径 2 边集已完成 　　　　　　　　　　图 6-15　完成倒圆角

② 在【偏置】组中，从【横截面】列表中选择【偏置和角度】选项，在【距离】文本框中输入 8，在【角度】文本框中输入 45。

如图 6-16 所示，单击【确定】按钮。

步骤四：移动层

（1）将基准面移到第 61 层。

（2）将第 61 层设为【不可见】。

最终效果如图 6-17 所示。

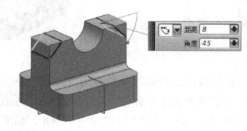

图 6-16　倒斜角 　　　　　　　　　　　　　　　图 6-17　完成建模

步骤五：保存

选择【文件】|【保存】命令，保存文件。

6.1.4　步骤点评

1．对于步骤二：关于选择边

选择边可以选择多条，而且这些边不必都连接在一起，但它们必须都在同一个体上。

2．对于步骤二：关于多半径

对于多半径倒圆的操作，可以采用建立半径集合的方法完成，也可以通过建立多个边缘倒圆特征来完成。

6.1.5 总结及拓展——恒定半径倒圆

倒圆时系统是增加材料还是减去材料取决于边缘的类型，外边缘（凸）是减去材料，内边缘（凹）是增加材料。不管是增加材料还是减去材料，都缩短了相交于所选边缘的两个面的长度，倒圆允许将两个面全部倒掉，当继续增加倒圆半径时，就会形成陡峭的边倒圆，如图 6-18 所示。

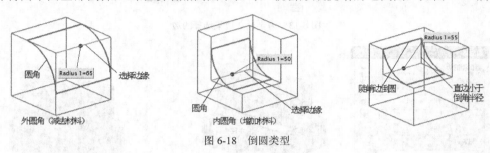

图 6-18 倒圆类型

6.1.6 总结及拓展——边缘倒角

边倒角特征是用指定的倒角尺寸将实体的边缘变成斜面，倒角尺寸是在构成边缘的两个实体表面上度量的。

倒角时系统是增加材料还是减去材料取决于边缘的类型，外边缘（凸）是减去材料，内边缘（凹）是增加材料。不管是增加材料还是减去材料，都缩短了相交于所选边缘的两个面的长度，如图 6-19 所示。

图 6-19 内边缘、外边缘倒角

倒角类型可分为 3 种：单个偏置、双偏置和偏置角度。

（1）单个偏置——创建一个沿两个表面具有相等偏置值的倒角，如图 6-20 所示，偏置值必须为正。

（2）双偏置——创建一个沿两个表面具有不同偏置值的倒角，如图 6-21 所示，偏置值必须为正。

（3）偏置角度——创建一个沿两个表面分别为偏置值和斜切角的倒角，如图 6-22 所示，偏置值必须为正。

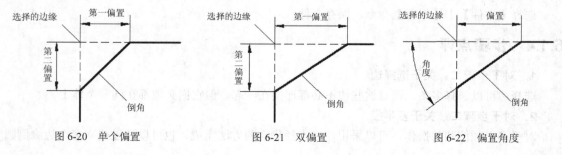

图 6-20 单个偏置   图 6-21 双偏置   图 6-22 偏置角度

6.1.7 随堂练习

随堂练习 1

随堂练习 2

6.2 创建可变半径倒圆

6.2.1 案例介绍及知识要点

创建模型，如图 6-23 所示。

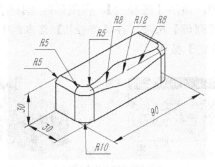

图 6-23 可变半径倒圆

知识点

创建变半径倒圆的方法。

6.2.2 设计理念

关于本零件设计理念的考虑如下：

采用恒定半径倒圆角和可变半径倒圆角。

建模步骤如表 6-2 所示。

表 6-2 建模步骤

步骤一	步骤二

6.2.3　操作步骤

步骤一：新建文件，创建毛坯

（1）新建文件"Var_Radius.prt"。

（2）选择【插入】|【设计特征】|【长方体】命令，出现【块】对话框。在【尺寸】组中，在【长度】文本框中输入 30，在【宽度】文本框中输入 90，在【高度】文本框中输入 30，如图 6-24 所示，单击【确定】按钮，创建长方体。

图 6-24　创建基体

（3）选择【插入】|【细节特征】|【边倒圆】命令，出现【边倒圆】对话框。

① 在【要倒圆的边】组中，激活【选择边】，在图形区选择倒角边；

② 从【形状】列表选择【圆形】选项，在【半径 1】文本框中输入 10。

如图 6-25 所示，单击【确定】按钮。

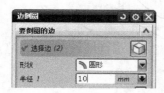
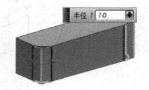

图 6-25　倒圆角

步骤二：创建倒变半径圆角

选择【插入】|【细节特征】|【边倒圆】命令，出现【边倒圆】对话框。

① 在【要倒圆的边】组中，激活【选择边】，在图形区选择倒角边，在【半径 1】文本框中输入 5，如图 6-26 所示；

图 6-26　选择倒角边

② 在【可变半径点】组中，激活【指定新的位置】，在所选的边上建立五个变半径点，所添加的每个可变半径点将显示拖动手柄和点手柄，如图 6-27 所示，可变半径点将标识为 V 半径 1、V 半径 2 等，并且同样出现在对话框和动态输入框中；

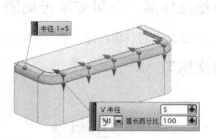

图 6-27　五个可变半径点的手柄

③ 为可变半径点指定新的半径值，如图 6-28 所示。

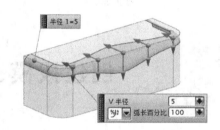

图 6-28　设置边变半径值

• 选择第 1 个变半径点，在【V 半径】文本框中输入 5，在【位置】下拉列表中选择【弧长百分比】选项，在【圆弧长百分比】文本框中输入 100；

• 选择第 2 个变半径点，在【V 半径】文本框中输入 8，在【位置】下拉列表中选择【圆弧长百分比】选项，在【圆弧长百分比】文本框中输入 75；

• 选择第 3 个变半径点，在【V 半径】文本框中输入 12，在【位置】下拉列表中选择【圆弧长百分比】选项，在【圆弧长百分比】文本框中输入 50；

• 选择第 4 个变半径点，在【V 半径】文本框中输入 8，在【位置】下拉列表中选择【圆弧长百分比】选项，在【圆弧长百分比】文本框中输入 75；

• 选择第 5 个变半径点，在【V 半径】文本框中输入 5，在【位置】下拉列表中选择【圆弧长百分比】选项，在【圆弧长百分比】文本框中输入 0。

单击【确定】按钮，完成带有可变半径点的圆角特征的创建，如图 6-29 所示。

图 6-29　可变半径点的圆角

步骤三：保存

选择【文件】|【保存】命令，保存文件。

6.2.4　步骤点评

对于步骤二：关于变半径点

变半径倒圆角的技巧是先设定恒定半径倒圆角，再设定变半径点，最后修改半径。

6.2.5　总结及拓展——可变半径倒圆

通过规定在边缘上的点和在每一个点上输入不同的半径值，沿边缘的长度来改变倒角半径。

6.2.6　随堂练习

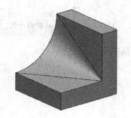　

随堂练习 3　　　　　　　　　　　随堂练习 4

6.3　创建拔模、抽壳

6.3.1　案例介绍及知识要点

创建模型，如图 6-30 所示。

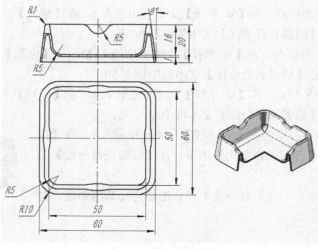

图 6-30　烟灰缸

知识点

（1）创建拔模的方法；

（2）创建抽壳的方法。

6.3.2 设计理念

关于本零件设计理念的考虑如下：

（1）零件为对称零件；

（2）内外拔模角均为 6°；

（3）抽壳壁厚为 1mm。

建模步骤如表 6-3 所示。

表 6-3 建模步骤

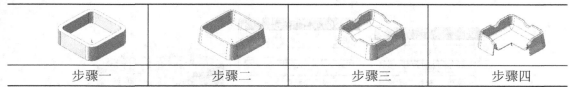

步骤一	步骤二	步骤三	步骤四

6.3.3 操作步骤

步骤一：新建文件，创建毛坯

（1）新建文件"ashtray.prt"。

（2）选择【插入】|【设计特征】|【长方体】命令，出现【块】对话框。在【尺寸】组中，在【长度】文本框中输入 60，在【宽度】文本框中输入 60，在【高度】文本框中输入 20，如图 6-31 所示，单击【确定】按钮，创建长方体。

图 6-31 创建基体

（3）单击【特征操作】工具栏上的【基准平面】按钮，出现【基准平面】对话框。从【类型】列表中选择【自动判断】选项，在图形区选择两个面，如图 6-32 所示，单击【应用】按钮，创建两个面的二等分基准面 1。

（4）选择两个面，如图 6-33 所示，单击【确定】按钮，创建两个面的二等分基准面 2。

（5）单击【特征】工具栏上的【腔体】按钮，出现【腔体】对话框。

① 单击【矩形】按钮，出现【矩形腔体】对话框，提示行提示"选择平的放置面"，在图形区选择放置面，如图 6-34 所示；

图 6-32　二等分基准面 1

图 6-33　二等分基准面 2

图 6-34　选择放置面

② 出现【水平参考】对话框，提示行提示"选择水平参考"，在图形区选择水平方向，如图 6-35 所示；

③ 出现【矩形腔体】对话框，在【长度】文本框中输入 50，在【宽度】文本框中输入 50，在【深度】文本框中输入 16，如图 6-36 所示，单击【确定】按钮；

图 6-35　选择水平方向　　　　　　　　　　　　　　　图 6-36　【矩形腔体】对话框

④ 出现【定位】对话框，提示行提示"选择定位方法"，单击【线到线】按钮，提示行提示"选择目标边/基准"，在图形区选择目标边，提示行提示"选择工具边"，在图形区选择工具边，如图 6-37 所示；

⑤ 出现【定位】对话框，提示行提示"选择定位方法"，单击【线到线】按钮，提示行提示"选择目标边/基准"，在图形区选择目标边，提示行提示"选择工具边"，在图形区选择工具边，如图 6-38 所示。

图 6-37 线到线定位 　　　　　　　　　　图 6-38 线到线定位

（6）选择【插入】|【细节特征】|【边倒圆】命令，出现【边倒圆】对话框。

① 在【要倒圆的边】组中，激活【选择边】，在图形区选择内四边，在【半径 1】文本框中输入 5，如图 6-39 所示；

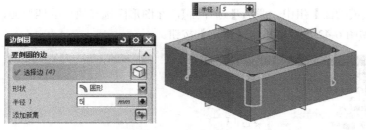

图 6-39 内到圆角

② 单击【添加新集】按钮，完成【半径 1】边集的添加，在图形区选择外四边，在【半径 2】文本框中输入 10，如图 6-40 所示，单击【确定】按钮。

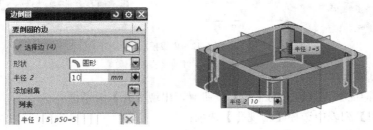

图 6-40 外倒圆角

步骤二：创建拔模

单击【特征操作】工具栏上的【拔模】按钮，出现【拔模】对话框。

① 从【类型】列表中选择【从平面或曲面】选项；

② 在【脱模方向】组中，激活【指定矢量】，在图形区指定 OZ 轴为脱模方向；

③ 在【拔模参考】组中，从【拔模方法】列表中选择【固定面】选项，激活【选择固定面】，在图形区选择底面；

④ 在【要拔模的面】组中，激活【选择面】，在图形区选择块的四周面，在【角度 1】文本框中输入 8，如图 6-41 所示，单击【应用】按钮；

⑤ 在【拔模参考】组中，从【拔模方法】列表中选择【固定面】选项，激活【选择固定面】，在图形区选择上表面；

图 6-41　外拔模

⑥ 在【要拔模的面】组中，激活【选择面】，在图形区选择块内的四周面，在【角度 1】文本框中输入 8，如图 6-42 所示，单击【确定】按钮。

图 6-42　内拔模

步骤三：创建切口

（1）单击【特征】工具栏上的【孔】按钮，出现【孔】对话框。

① 从【类型】列表中选择【常规孔】选项；

② 激活【位置】组，提示行提示"选择要草绘的平面或指定点"，单击【点】按钮，在图形区选择边的中心点为孔的中心；

③ 在【方向】组中，从【孔方向】列表中选择【沿矢量】选项，确定孔的方向；

④ 在【形状和尺寸】组中，从【成形】列表中选择【简单】选项；

⑤ 在【尺寸】组中，在【直径】文本框中输入 10，从【深度限制】列表中选择【贯通体】选项。

如图 6-43 所示，单击【确定】按钮。

（2）按同样的方法建立另一切口，如图 6-44 所示。

（3）选择【插入】|【细节特征】|【边倒圆】命令，出现【边倒圆】对话框。在【要倒圆的边】组中，激活【选择边】，在图形区选择边，在【半径 1】文本框中输入 1，如图 6-45所示。

图 6-43　切口　　　　　　　　　　　　　　　　　　　图 6-44　切口

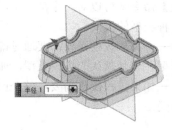

图 6-45　倒角

步骤四：创建壳

选择【插入】│【偏置/缩放】│【抽壳】命令，出现【抽壳】对话框。

① 从【类型】列表中选择【移除面，然后抽壳】选项；

② 激活【要穿透的面】，在图形区选择要移除的底面；

③ 在【厚度】组中，在【厚度】文本框中输入 1。

如图 6-45 所示，单击【确定】按钮，创建等厚度的抽壳特征。

步骤五：移动层

（1）将基准面移到第 61 层。

（2）将第 61 层设为【不可见】。

最终效果如图 6-46 所示。

图 6-45　创建等厚度的抽空特征　　　　　　　　　　图 6-46　完成建模

步骤六： 保存

选择【文件】｜【保存】命令，保存文件。

6.3.4 步骤点评

1．对于步骤二：关于拔模角的正反

如果将要拔模的面的法向移向拔模方向，则拔模角为正，反之，则拔模角为负。

2．对于步骤二：关于拔模面的选择

在一个拔模特征中，可以指定多个拔模角，并可以将每个角指定给一组面。还可以使用选择意图选项选择拔模操作所需的面或边缘，例如，可选择所有相切面。

3．对于步骤四：关于抽壳壁厚

改变抽壳壁厚，查看效果。

6.3.5 总结及拓展——拔模

使用【拔模】命令 可以对一个部件上的一组或多组面应用斜率（从指定的固定对象开始），可以创建以下 4 种类型的拔模。

（1）从平面——如果拔模操作需要通过部件的横截面，且在整个面的旋转过程中都是平的，则可以使用此类型。这是默认的拔模类型，如图 6-47 所示。

（2）从边——如果拔模操作需要在整个面的旋转过程中保留目标面的边缘，则可以使用此类型，如图 6-48 所示。

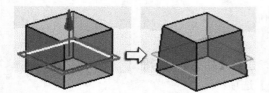
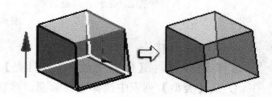

图 6-47 拔模面围绕基准平面定义的截面旋转　　　　　图 6-48 拔模面基于两个固定的边缘旋转

（3）与面相切——如果拔模操作需要在拔模操作后保持要拔模的面与邻近面相切，则可以使用此类型。此处，固定边缘未被固定，而是移动的，以保持选定面之间的相切约束，如图 6-49 所示。

（4）至分型边——如果拔模操作需要在整个面的旋转过程中保持通过部件的横截面是平的，并且要求根据需要在分型边缘处创建凸出边，则可以使用此类型，如图 6-50 所示。

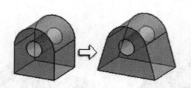
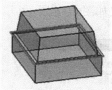

图 6-49 拔模移动侧面以保持与顶部相切　　　图 6-50 拔模在基准平面定义的分型边缘处创建凸出边

6.3.6 总结及拓展——壳

使用【抽壳】命令 可以根据为壁厚指定的值来抽空实体或在其四周创建壳体，如图 6-51 所示。抽壳可为面单独指定厚度并移除单个面。

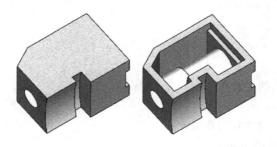

图 6-51　抽壳前（左）和抽壳后（右）的实体

6.3.7　随堂练习

随堂练习 5　　　　　　　　　随堂练习 6

6.4　创建阵列、镜像

6.4.1　案例介绍及知识要点

创建盖板，如图 6-52 所示。

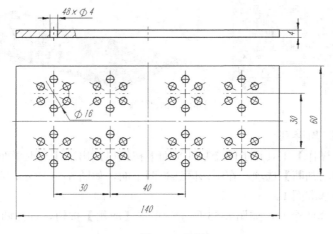

图 6-52　盖板

知识点

（1）创建阵列的方法；

（2）创建镜像的方法。

6.4.2　设计理念

关于本零件设计理念的考虑如下：

（1）零件为对称零件；

（2）采用圆周阵列，线性阵列和镜像；

（3）板厚 4mm，孔直径 4mm。

建模步骤如表 6-4 所示。

表 6-4　　　　　　　　　　　　　　　　建模步骤

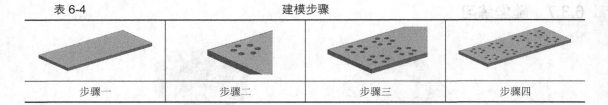

步骤一	步骤二	步骤三	步骤四

6.4.3　操作步骤

步骤一：新建文件，创建毛坯

（1）新建文件"Cover.prt"。

（2）选择【插入】|【设计特征】|【长方体】命令，出现【块】对话框。在【尺寸】组中，在【长度】文本框中输入 60，在【宽度】文本框中输入 140，在【高度】文本框中输入 4，单击【确定】按钮，创建长方体，如图 6-53 所示。

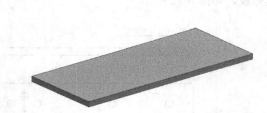

图 6-53　创建基体

步骤二：创建圆周阵列

（1）单击【特征操作】工具栏上的【基准平面】按钮，出现【基准平面】对话框。从【类型】列表中选择【自动判断】选项，在图形区选择两个面，如图 6-54 所示，单击【应用】按钮，创建两个面的二等分基准面 1。

（2）在图形区选择两个面，如图 6-55 所示，单击【应用】按钮，创建两个面的二等分基准面 2。

图 6-54 二等分基准面 1

图 6-55 二等分基准面 2

（3）在图形区选择二等分基准面 1，在【偏置】组中，在【距离】文本框中输入 50，如图 6-56 所示，单击【应用】按钮，创建等距基准面 1。

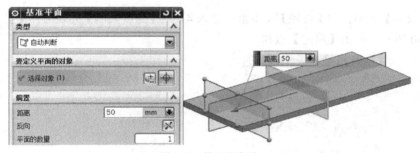

图 6-56 等距基准面 1

（4）在图形区选择二等分基准面 2，在【偏置】组中，在【距离】文本框中输入 15，如图 6-57 所示，单击【确定】按钮，创建等距基准面 2。

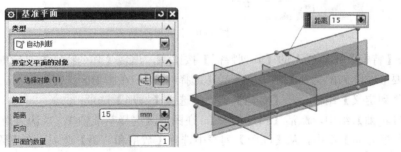

图 6-57 等距基准面 2

（5）单击【特征操作】工具栏上的【基准轴】按钮 ，出现【基准轴】对话框。从【类型】列表中选择【自动判断】选项，在图形区选择等距基准面 1 和等距基准面 2，如图 6-58 所示，单击【确定】按钮，建立基准轴。

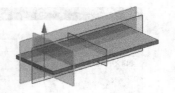

图 6-58　基准轴

（6）单击【特征】工具栏上的【孔】按钮，出现【孔】对话框。

① 从【类型】列表中选择【常规孔】选项；

② 激活【位置】组，提示行提示"选择要草绘的平面或指定点"，单击【绘制草图】按钮，在图形区选择底面绘制圆心点草图，如图 6-59 所示；

③ 退出草图，在【方向】组中，从【孔方向】列表中选择【沿矢量】选项，在图形区选择 OX 方向；

④ 在【形状和尺寸】组中，从【成形】列表中选择【简单】选项；

图 6-59　绘制圆心点草图

⑤ 在【尺寸】组中，在【直径】文本框中输入 4，从【深度限制】列表选择【贯通体】选项。如图 6-60 所示，单击【确定】按钮。

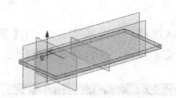

图 6-60　打孔

（7）单击【特征】工具栏上的【阵列特征】按钮，出现【阵列特征】对话框。

① 在【要形成阵列的特征】组中，激活【选择特征】，在图形区选择孔；

② 在【阵列定义】组中，从【布局】列表中选择【圆形】选项；

③ 在【旋转轴】组中，激活【指定矢量】，在图形区选择基准轴 1，默认为指定点；

④ 在【角度方向】组中，从【间距】列表中选择【数量和节距】选项，在【数量】文本框中输入 6，在【节距角】文本框中输入 360/6。

如图 6-61 所示，单击【确定】按钮。

步骤三：创建线性阵列

单击【特征】工具栏上的【阵列特征】按钮，出现【阵列特征】对话框。

① 在【要形成阵列的特征】组中，激活【选择特征】，在图形区选择孔和圆周阵列；

图 6-61　圆形阵列

② 在【阵列定义】组中，从【布局】列表中选择【线性】选项；

③ 在【方向 1】组中，从图形区指定方向 1，从【间距】列表中选择【数量和节距】选项，在【数量】文本框中输入 2，在【节距】文本框中输入 30；

④ 在【方向 2】组中，选中【使用方向 2】复选框，从图形区指定方向 2，从【间距】列表中选择【数量和节距】选项，在【数量】文本框中输入 2，在【节距】文本框中输入 30。

如图 6-62 所示，单击【确定】按钮。

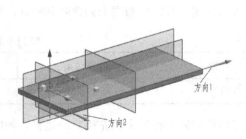

图 6-62　线性阵列

步骤四：创建镜像

选择【插入】|【关联复制】|【镜像特征】命令，出现【镜像特征】对话框。

① 在【要镜像的特征】组中，激活【选择特征】，在图形区选择圆周阵列和线性阵列；

② 在【镜像平面】组中，从【平面】列表中选择【现有平面】选项，在图形区选择镜像面。

如图 6-63 所示，单击【确定】按钮，建立镜像特征。

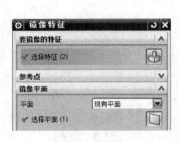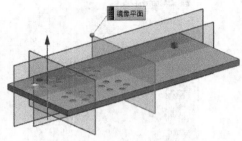

图 6-63　镜像

步骤五：移动层

（1）将基准面移到第 61 层。

（2）将草图移到第 21 层。

（3）将第 61 层和第 21 层设为【不可见】。

最终效果如图 6-64 所示。

步骤六：保存

选择【文件】|【保存】命令，保存文件。

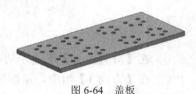

图 6-64　盖板

6.4.4　步骤点评

1．对于步骤二：关于旋转轴

激活【指定矢量】，在图形区选择建立的基准轴，可以默认基准轴与平面的交点作为指定点。

2．对于步骤三：关于阵列方向

线性阵列方向是通过矢量构造器设定的。

6.4.5　总结及拓展——阵列

使用【阵列特征】命令可以创建特征的阵列（线性、圆形、多边形等），并可以通过各种选项来定义阵列边界、实例方位、旋转方向和变化。

（1）可以使用多种阵列布局来创建阵列特征，如表 6-5 所示。

表 6-5　　　　　　　　　　　　　　阵列布局

线性	多边形	沿	参考
圆形	螺旋式	常规	

（2）可以使用阵列特征来填充指定的边界，如图 6-65 所示。

图 6-65　使用阵列特征填充指定的边界

（3）对于线性布局，可以指定一个或两个方向对称的阵列，还可以指定多个列或行交错排列，如图 6-66 所示。

（4）对于圆形或多边形布局，可以选择辐射状阵列，如图 6-67 所示。

图 6-66 线性布局   图 6-67 辐射状阵列

（5）通过使用表达式指定阵列参数，可以定义阵列增量。

可以将阵列参数值导出至电子表格并按位置进行编辑，编辑结果将传回到的阵列定义。可以明确地选择各实例点对阵列特征进行转动、抑制和变化操作，如图 6-68 所示。

（6）可以控制阵列的方向，如图 6-69 所示。

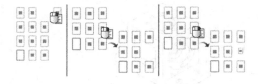 

方向遵循阵列（圆形）方向与输入相同

图 6-68 辐射状阵列   图 6-69 控制阵列的方向

6.4.6 总结及拓展——镜像

使用【镜像特征】命令，可以用通过基准平面或平面镜像选定特征的方法来创建对称的模型。当编辑镜像特征时，可以重新定义镜像平面以及添加和移除特征，如图 6-70 所示。

（a）已选择拉伸和孔阵列而且已跨基准平面进行镜像   （b）已跨基准平面镜像所有特征

图 6-70 镜像特征

6.4.7 随堂练习

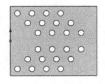

随堂练习 7   随堂练习 8

6.5 实战练习

创建模型，如图 6-71 所示。

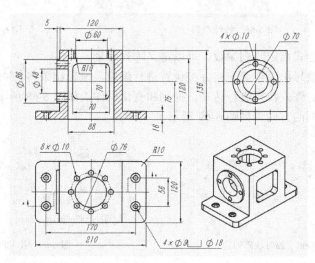

图 6-71 支座

6.5.1 设计理念

关于本零件设计理念的考虑如下：

（1）利用基准面来确定三个方向的设计基准；

（2）采用阵列来完成系列孔的创建。

建模步骤如表 6-6 所示。

表 6-6 建模步骤

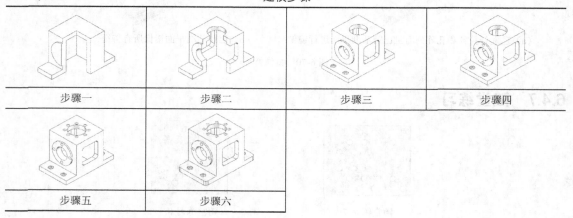

步骤一	步骤二	步骤三	步骤四
步骤五	步骤六		

6.5.2 操作步骤

步骤一：新建文件，创建毛坯

（1）新建文件"Base.prt"。

（2）选择【插入】|【设计特征】|【长方体】命令，出现【块】对话框。在【尺寸】组中，在【长度】文本框中输入 120，在【宽度】文本框中输入 210，在【高度】文本框中输入 16，如图 6-72 所示，单击【确定】按钮，创建长方体。

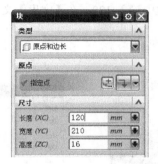

图 6-72　创建基体

（3）单击【特征操作】工具栏上的【基准平面】按钮 □，出现【基准平面】对话框。从【类型】列表中选择【自动判断】选项，在图形区选择两个面，如图 6-73 所示，单击【应用】按钮，创建两个面的二等分基准面。

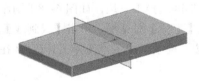

图 6-73　二等分基准面

（4）在图形区选择两个面，如图 6-74 所示，单击【确定】按钮，创建两个面的二等分基准面。

图 6-74　二等分基准面

（5）单击【特征】工具栏上的【垫块】按钮 ，出现【垫块】对话框。

① 单击【矩形】按钮，出现【矩形垫块】对话框，提示行提示"选择平的放置面"，在图形区选择放置面，如图 6-75 所示；

② 出现【水平参考】对话框，提示行提示"选择水平参考"，在图形区选择水平方向，如图 6-76 所示；

图 6-75　选择放置面

③ 出现【矩形垫块】对话框，在【长度】文本框中输入 120，在【宽度】文本框中输入 120，在【高度】文本框中输入 120，如图 6-77 所示；

图 6-76　选择水平方向

图 6-77　【矩形垫块】对话框

④ 出现【定位】对话框，将模型切换成静态线框形式，提示行提示"选择定位方法"，单击【线到线】按钮 工，提示行提示"选择目标边/基准"，在图形区选择目标边，提示行提示"选择工具边"，在图形区选择工具边，如图 6-78 所示；

⑤ 出现【定位】对话框，单击【线到线】按钮 工，提示行提示"选择目标边/基准"，在图形区选择目标边，提示行提示"选择工具边"，在图形区选择工具边，如图 6-79 所示。

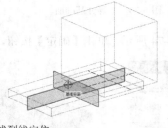

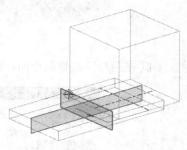

图 6-78　线到线定位

图 6-79　线到线定位

（6）单击【特征操作】工具栏上的【基准平面】按钮 □，出现【基准平面】对话框。在图形区选择底面，在【距离】文本框中输入 75，如图 6-80 所示，单击【应用】按钮，建立基准面。

（7）选择【插入】｜【偏置/缩放】｜【抽壳】命令，出现【抽壳】对话框。

① 从【类型】列表中选择【移除面，然后抽壳】选项；

② 激活【要穿透的面】，在图形区选择要移除的底面；

③ 在【厚度】组中，在【厚度】文本框中输入 16。

如图 6-81 所示，单击【确定】按钮，创建等厚度的抽壳特征。

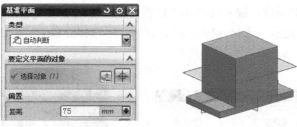

图 6-80　建立基准面

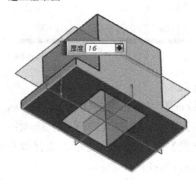

图 6-81　创建等厚度的抽空特征

（8）单击【特征】工具栏上的【凸台】按钮 ，出现【凸台】对话框。

① 在【直径】文本框中输入 86，在【高度】文本框中输入 5；

② 提示行提示"选择平的放置面"，在图形区选择上表面为放置面，如图 6-82 所示，单击【应用】按钮；

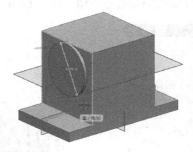

图 6-82　建立凸台

③ 出现【定位】对话框，提示行提示"选择定位方法或为垂线选择目标边/基准"，单击【点到线】按钮 ，提示行提示"选择目标对象"，在图形区选择水平基准面，如图 6-83 所示；

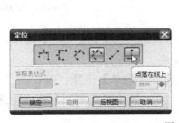
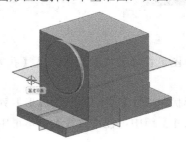

图 6-83　定位

④ 出现【定位】对话框，提示行提示"选择定位方法或为垂线选择目标边/基准"单击【点到线】按钮 ⊥，提示行提示"选择目标对象"，在图形区选择竖直基准面，如图 6-84 所示。

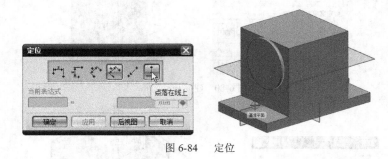

图 6-84　定位

步骤二：打孔

（1）单击【特征】工具栏上的【孔】按钮 ，出现【孔】对话框。

① 从【类型】列表中选择【常规孔】选项；

② 激活【位置】组，提示行提示"选择要草绘的平面或指定点"，单击【点】按钮 ，在图形区选择面的圆心点为孔的中心；

③ 在【方向】组中，从【孔方向】列表中选择【垂直于面】选项；

④ 在【形状和尺寸】组中，从【成形】列表中选择【简单】选项；

⑤ 在【尺寸】组中，在【直径】文本框中输入 48，从【深度限制】列表中选择【直至下一个】选项，如图 6-85 所示，单击【应用】按钮；

⑥ 激活【位置】组，提示行提示"选择要草绘的平面或指定点"，单击【绘制草图】按钮 ，在图形区选择底面绘制圆心点草图，如图 6-86 所示；

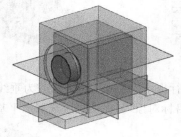

图 6-85　左孔

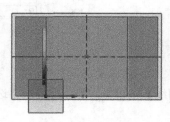

图 6-86　绘制圆心点草图

⑦ 退出草图，在【方向】组中，从【孔方向】列表中选择【沿矢量】选项，在图形区选择 OX 方向；

⑧ 在【形状和尺寸】组中，从【成形】列表中选择【简单】选项；

⑨ 在【尺寸】组中，在【直径】文本框中输入 60，从【深度限制】列表中选择【直至下一个】选项。

如图 6-87 所示，单击【确定】按钮。

 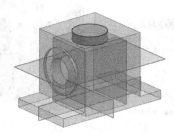

图 6-87 打顶孔

（2）单击【特征】工具栏上的【腔体】按钮 ，出现【腔体】对话框。

① 单击【矩形】按钮，出现【矩形腔体】对话框，提示行提示"选择平的放置面"，在图形区选择放置面，如图 6-88 所示；

图 6-88 选择放置面

② 出现【水平参考】对话框，提示行提示"选择水平参考"，在图形区选择水平方向，如图 6-89 所示；

③ 出现【矩形腔体】对话框，在【长度】文本框中输入 70，在【宽度】文本框中输入 70，在【深度】文本框中输入 16，在【拐角半径】文本框中输入 10，如图 6-90 所示，单击【确定】按钮；

 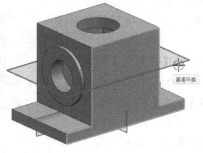 

图 6-89 选择水平方向 　　　　　图 6-90 【矩形腔体】对话框

④ 出现【定位】对话框，提示行提示"选择定位方法"，单击【线到线】按钮 ，提示行提示"选择目标边/基准"，在图形区选择目标边，提示行提示"选择工具边"，在图形区选择工具边，如图 6-91 所示；

⑤ 出现【定位】对话框，提示行提示"选择定位方法"，单击【线到线】按钮 ，提示行提示"选择目标边/基准"，在图形区选择目标边，提示行提示"选择工具边"，在图形区选择工具边，

如图 6-92 所示。

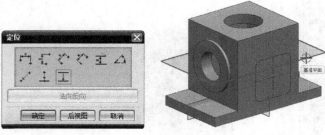

图 6-91　线到线定位

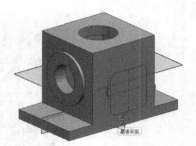

图 6-92　线到线定位

（3）选择【插入】|【关联复制】|【镜像特征】命令，出现【镜像特征】对话框。

① 在【特征】组中，激活【选择特征】，在图形区选择矩形腔体；

② 在【镜像平面】组中，从【平面】列表中选择【现有平面】选项，在图形区选择镜像面。

如图 6-93 所示，单击【确定】按钮，建立镜像特征。

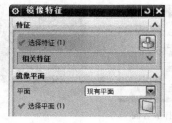
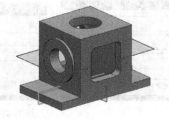

图 6-93　镜像

步骤三：创建底脚孔

（1）单击【特征】工具栏上的【孔】按钮 ，出现【孔】对话框。

① 从【类型】列表中选择【常规孔】选项；

② 激活【位置】组，提示行提示"选择要草绘的平面或指定点"，单击【绘制草图】按钮 ，在图形区选择底面绘制圆心点草图，如图 6-94 所示；

③ 退出草图，在【方向】组中，从【孔方向】列表中选择【沿矢量】选项，在图形区选择 OX 方向；

④ 在【形状和尺寸】组中，从【成形】列表中选择【沉头】选项；

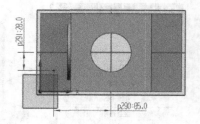

图 6-94　绘制圆心点草图

⑤ 在【尺寸】组中，在【沉头直径】文本框中输入 18，在【沉头深度】文本框中输入 2.5，在【直径】文本框中输入 9，从【深度限制】列表中选择【贯通体】选项。

如图 6-95 所示，单击【确定】按钮。

（2）单击【特征】工具栏上的【对特征形成图样】按钮 ，出现【对特征形成图样】对话框。

① 在【要形成图样的特征】组中，激活【选择特征】，在图形区选择沉头孔；

② 在【阵列定义】组中，从【布局】列表中选择【线性】选项；

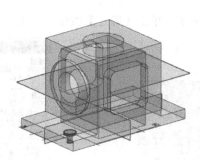

图 6-95 底脚孔

③ 在【方向 1】组中，从图形区指定方向 1，从【间距】列表中选择【数量和节距】选项，在【数量】文本框中输入 2，在【节距】文本框中输入 170；

④ 在【方向 2】组中，选中【使用方向 2】复选框，从图形区指定方向 2，从【间距】列表中选择【数量和节距】选项，在【数量】文本框中输入 2，在【节距】文本框中输入 56。

如图 6-96 所示，单击【确定】按钮。

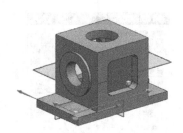

图 6-96 线性阵列沉头孔

步骤四：创建左连接孔

（1）单击【特征】工具栏上的【孔】按钮，出现【孔】对话框。

① 从【类型】列表中选择【常规孔】选项；

② 激活【位置】组，提示行提示"选择要草绘的平面或指定点"，单击【绘制草图】按钮，在图形区选择底面绘制圆心点草图，如图 6-97 所示；

③ 退出草图，在【方向】组中，从【孔方向】列表中选择【垂直于面】选项；

④ 在【形状和尺寸】组中，从【成形】列表中选择【简单】选项；

⑤ 在【尺寸】组中，在【直径】文本框中输入 10，从【深度限制】列表中选择【直至下一个】选项。

如图 6-98 所示，单击【确定】按钮。

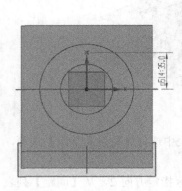

图 6-97　绘制圆心点草图

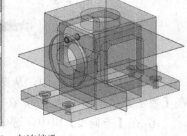

图 6-98　左连接孔

（2）单击【特征】工具栏上的【对特征形成图样】按钮 ，出现【对特征形成图样】对话框。

① 在【要形成图样的特征】组中，激活【选择特征】，在图形区选择孔；

② 在【阵列定义】组中，从【布局】列表中选择【圆形】选项；

③ 在【边界定义】组中，激活【指定矢量】，在图形区设置方向，激活【指定点】，在图形区选择圆心；

④ 在【角度方向】组中，从【间距】列表中选择【数量和节距】选项，在【数量】文本框中输入 4，在【节距角】文本框中输入 360/4。

如图 6-99 所示，单击【确定】按钮。

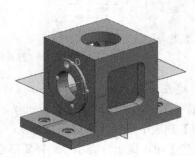

图 6-99　圆形阵列

步骤五：创建上连接孔

（1）单击【特征】工具栏上的【孔】按钮 ，出现【孔】对话框。

① 从【类型】列表中选择【常规孔】选项；

② 激活【位置】组，提示行提示"选择要草绘的平面或指定点"，单击【绘制草图】按钮 ，在图形区选择底面绘制圆心点草图，如图 6-100 所示；

③ 退出草图，在【方向】组中，从【孔方向】列表中选择【垂直于面】选项；

④ 在【形状和尺寸】组中，从【成形】列表中选择【简单】选项；

⑤ 在【尺寸】组中，在【直径】文本框中输入 10，从【深度限制】列表中选择【直至下一个】选项。

如图 6-101 所示，单击【确定】按钮。

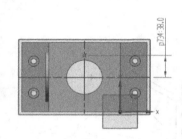

图 6-100　绘制圆心点草图

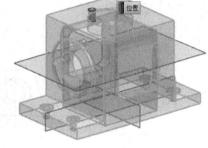

图 6-101　上连接孔

（2）单击【特征】工具栏上的【对特征形成图样】按钮 ，出现【对特征形成图样】对话框。

① 在【要形成图样的特征】组中，激活【选择特征】，在图形区选择孔；

② 在【阵列定义】组中，从【布局】列表中选择【圆形】选项；

③ 在【边界定义】组中，激活【指定矢量】，在图形区设置方向，激活【指定点】，在图形区选择圆心；

④ 在【角度方向】组中，从【间距】列表中选择【数量和节距】选项，在【数量】文本框中输入 8，在【节距角】文本框中输入 360/8。

如图 6-102 所示，单击【确定】按钮。

步骤六：移动层

（1）将基准面移到第 61 层。

（2）将第 61 层设为【不可见】。

最终效果如图 6-103 所示。

步骤七：保存

选择【文件】|【保存】命令，保存文件。

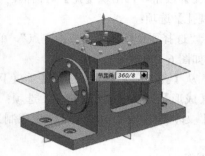

图 6-102　圆形阵列

图 6-103　完成建模

6.6　上机练习

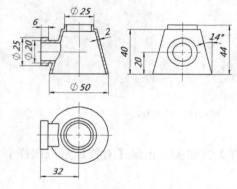

题图 1

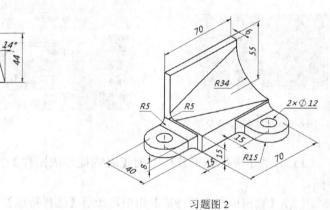

习题图 2

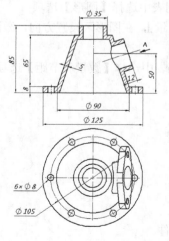

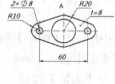

习题图 3

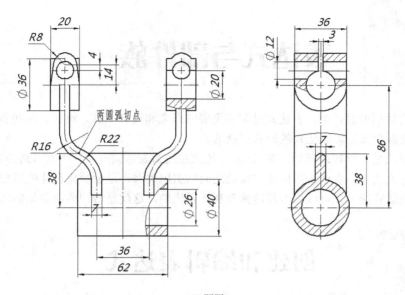

习题图 4

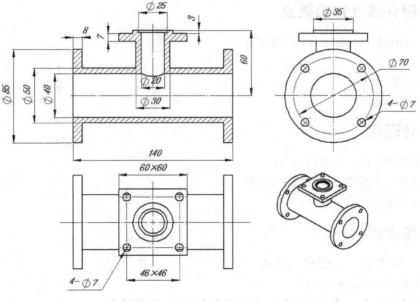

习题图 5

第7章 表达式与部件族

在 NX 的实体模型设计中，表达式是非常重要的概念和设计工具。特征、曲线和草图的每个形状参数和定位参数都是以表达式的形式存储的。

表达式的形式是一种辅助语句：变量=值。等式左边为表达式变量，等式右边为常量、变量、算术语句或条件表达式。表达式可以建立参数之间的引用关系，是参数化设计的重要工具。

通过修改表达式的值，可以很方便地修改和更新模型，这就是所谓的参数化驱动设计。

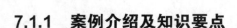 创建和编辑表达式

7.1.1 案例介绍及知识要点

创建螺母 GB6170-2000，如图 7-1 所示。

知识点

（1）表达式的概念；

（2）表达式的运用。

7.1.2 设计理念

关于本零件设计理念的考虑如下：

（1）M12 的有关数据：m=10.8，S=18；

（2）采用多实体建模。

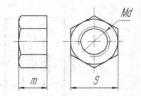

图 7-1 六角螺母的结构形式

7.1.3 操作步骤

步骤一：新建文件，创建表达式

（1）新建文件"Nut_mm.prt"。

（2）选择【工具】|【表达式】命令，出现【表达式】对话框。

① 在【名称】文本框中输入表达式变量的名称 m，在【公式】文本框中输入变量的值 10.8，单击【接受编辑】按钮☑；

② 在【名称】文本框中输入表达式变量的名称 d，在【公式】文本框中输入变量的值 12，单击【接受编辑】按钮☑；

③ 在【名称】文本框中输入表达式变量的名称 s，在【公式】文本框中输入变量的值 18，单击【接受编辑】按钮☑。

如图 7-2 所示，单击【确定】按钮。

步骤二： 创建基体

（1）单击【特征】工具栏上的【草图】按钮 , 以 XC-ZC 坐标系平面作为草图的放置平面, 绘制如图 7-3 所示的草图, 绘制完成后退出草图绘制模式。

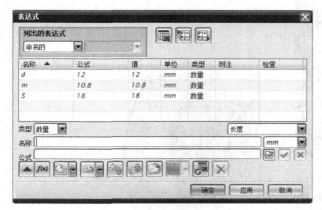

图 7-2 建立表达式

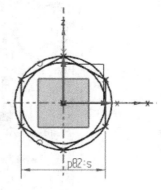

图 7-3 草图

（2）单击【特征】工具栏上的【拉伸】按钮 , 出现【拉伸】对话框。

① 在【截面】组中, 激活【选择曲线】, 在图形区选择六边形草图;

② 在【极限】组中, 从【结束】列表中选择【值】选项, 在【距离】文本框中输入 0, 如图 7-4 所示, 单击【应用】按钮, 生成拉伸体;

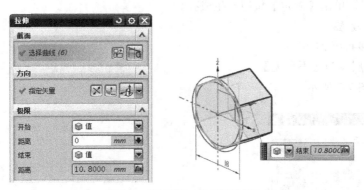

图 7-4 选取草图, 设置拉伸参数

③ 在【截面】组中, 激活【选择曲线】, 在图形区选择圆草图;

④ 在【极限】组中, 从【结束】列表中选择【值】选项, 在【距离】文本框中输入 0;

⑤ 在【布尔】组中, 从【布尔】列表中选择【求交】选项;

⑥ 在【拔模】组中, 从【拔模】列表中选择【从起始限制】选项, 在【角度】文本框中输入-60。如图 7-5 所示, 单击【确定】按钮, 生成拉伸体。

（3）单击【特征】工具栏上的【孔】按钮 , 出现【孔】对话框。

① 从【类型】列表中选择【螺纹孔】选项;

② 激活【位置】组, 提示行提示"选择要草绘的平面或指定点", 单击【点】按钮 , 在图形区选择面的圆心点为孔的中心;

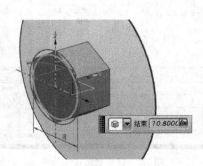

图 7-5　选取草图，设置拉伸参数

③ 在【方向】组中，从【孔方向】列表中选择【垂直于面】选项；

④ 在【形状和尺寸】组中，从【大小】列表中选择【M12×1.75】选项，从【深度类型】列表中选择【完整】选项。

如图 7-6 所示，单击【确定】按钮，生成孔。

步骤三：移动层

（1）将草图移到第 21 层。

（2）将第 21 层设为【不可见】。

最终效果如图 7-7 所示。

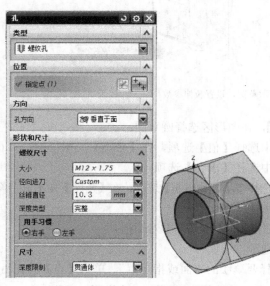

图 7-6　选取孔中心，设置螺纹孔的参数　　　　　　　图 7-7　完成建模

步骤四：保存

选择【文件】|【保存】命令，保存文件。

7.1.4　步骤点评

对于步骤一：关于表达式

可以使用表达式以参数化的方式控制部件特征之间的关系或者装配部件间的关系。例如，可以用长度描述支架的厚度，如果支架的长度变了，它的厚度会自动更新。表达式也可以定义、控制模型的诸多尺寸，如特征或草图的尺寸。

表达式由两部分组成，等号左侧为变量名，右侧为组成表达式的字符串。表达式字符串经计算后将值赋予左侧的变量。表达式的变量名是由字母与数字组成的字符串，其长度小于或等于 32 个字符。变量名必须以字母开始，可包含下划线 "_"，但要注意大小写是没有差别的，如 M1 与 m1 代表的是相同的变量名。

7.1.5　总结与拓展——表达式的类型

在 NX 中主要使用三种表达式，即算术表达式、条件表达式和几何表达式。

1．算术表达式

算术表达式的右边是通过算术运算符连接变量、常数和函数的算术式。

表达式中可以使用的基本运算符有+（加）、−（减）、*（乘）、/（除）、^（指数）、%（余数），其中 "−" 可以作为负号使用。这些基本运算符的意义与数学中相应符号的意义是一致的。它们之间的相对优先级关系与数学中也是一致的，即先乘除、后加减，同级运算自左向右进行。当然，表达式的运算顺序可以通过圆括号 "（）" 来改变。

例如：

p1=52

p20=20.000

Length=15.00

Width=10.0

Height=Length/3

Volume=Length*Width*Height

2．条件表达式

所谓条件表达式，指的是利用 if/else 语法结构建立的表达式，if/else 语法结构为：

Var=if （exprl）（expr2）else （expr3）

其意义是：如果表达式 exprl 成立，则 Var 的值为 expr2，否则为 expr3。

例如：width=if （length<100）（60）else 。

其含义为，如果长度小于 100，则宽度为 60，否则宽度为 40。

条件语句需要用到关系运算符，常用的关系运算符有＞（大于）、＞＝（大于等于）、＜（小于）、＜＝（小于等于）、＝＝（等于）、!=（不等于）、&&（逻辑与）、||（逻辑或）、!（逻辑非）。

3．几何表达式

几何表达式的右边为测量的几何值，该值与测量的几何对象相关。几何对象发生了改变，几何表达式的值会自动更新。几何表达式有以下 5 种类型。

（1）距离——指定两点之间、两对象之间，以及一点到一对象之间的最短距离。

（2）长度——指定一条曲线或一条边的长度。

（3）角度——指定两条线、边缘、平面和基准面之间的角度。

（4）体积——指定一实体模型的体积。

（5）面积和周长——指定一片体、实体面的面积和周长。

> 提示：在表达式中还可以使用注解，以说明该表达式的用途与意义等信息。使用注解的方法是在注解内容的前面加两条斜线符号"//"。

7.1.6　随堂练习

创建 C 级六角头螺栓（GB/T 5780.2000），M12 的有关数据为：d=20～30，b×h，l=80。

d	b×h	l
20～30	8×7	18～90
30～38	10×8	22～110
38～44	12×8	28～140
44～50	14×9	36～160

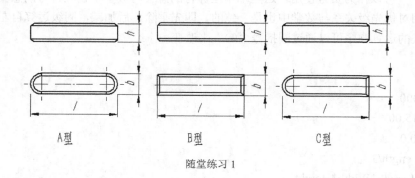

A型　　　　　B型　　　　　C型

随堂练习 1

7.2 创建抑制表达式

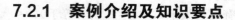

7.2.1　案例介绍及知识要点

应用抑制表达式可以控制是否需要添加加强筋，如图 7-8 所示。

知识点

应用抑制表达式来控制特征。

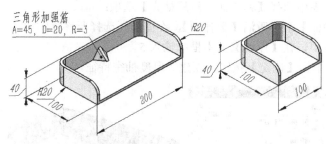

图 7-8 控制是否需要添加加强筋

7.2.2 设计理念

当长度小于 120 时，不设计三角形加强筋。

7.2.3 操作步骤

步骤一：新建文件，创建毛坯

（1）新建文件"suppress.prt"。

（2）选择【插入】|【设计特征】|【长方体】命令，出现【块】对话框。在【尺寸】组中，在【长度】文本框中输入 100，在【宽度】文本框中输入 200，在【高度】文本框中输入 40，如图 7-9 所示，单击【确定】按钮，创建长方体。

图 7-9 创建基体

（3）选择【插入】|【细节特征】|【边倒圆】命令，出现【边倒圆】对话框。在【要倒圆的边】组中，激活【选择边】，在图形区选择一条，在【半径 1】文本框中输入 10，如图 7-10 所示，单击【确定】按钮。

图 7-10 倒角

（4）选择【插入】|【偏置/缩放】|【抽壳】命令，出现【抽壳】对话框。

① 从【类型】列表中选择【移除面，然后抽壳】选项；

② 在【要穿透的面】组中激活【选择面】，在图形区选择要移除的面；

③ 在【厚度】组中，在【厚度】文本框中输入 5。

如图 7-11 所示，单击【确定】按钮，创建等厚度抽空特征。

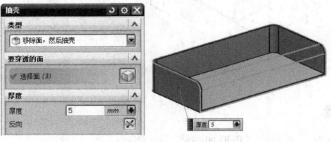

图 7-11　创建等厚度抽空特征

（5）单击【特征】工具栏上的【三角形加强筋】按钮 ，出现【三角形加强筋】对话框。

① 在图形区分别选择欲添加加强筋的两个面；

② 从【方法】列表中选择【沿曲线】选项，选中【%圆弧长】单选按钮，在文本框中输入 50；

③ 在【角度】文本框中输入 45，在【深度】文本框中输入 20，在【半径】文本框中输入 3。

如图 7-12 所示，单击【确定】按钮。

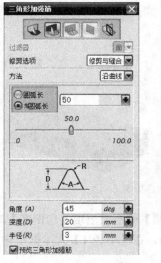
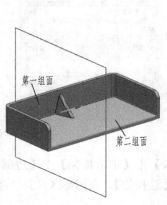

图 7-12　创建加强筋

步骤二：创建抑制表达式

（1）选择【编辑】|【特征】|【由表达式抑制】命令，出现【由表达式抑制】对话框。

① 在【表达式】组中，从【表达式选项】列表中选择【为每个创建】选项；

② 在【选择特征】组中，在【选择特征】列表中选择三角形加强筋（4）。

如图 7-13 所示，单击【应用】按钮。

（2）检查建立的表达式

单击【显示表达式】按钮，在【信息】窗口中检查建立的表达式，如图 7-14 所示。

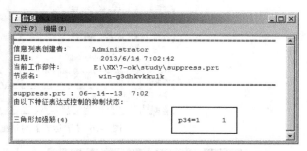

图 7-13 【由表达式抑制】对话框 图 7-14 在【信息】窗口中检查建立的表达式

步骤三：重命名并测试新的表达式

选择【工具】|【表达式】命令，出现【表达式】对话框。

① 查找创建的表达式 p34，并将其改名为 Show_Suppress；

② 将 Show_Suppress 的值由 1 改为 0。

如图 7-15 所示，单击【应用】按钮。

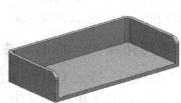

图 7-15 特征抑制后的模型显示

步骤四：创建一个条件表达式，用已存在的表达式控制 Show_Suppress

（1）选择【工具】|【表达式】命令，出现【表达式】对话框。

① 选择 Show_Suppress（三角形加强筋（4）Suppression Status）；

② 在【公式】文本框中输入 if（p7<120）（0）else（1）。

如图 7-16 所示，单击【接受编辑】按钮 ，单击【确定】按钮。

提示：p7 为长方体的宽。

（2）将 p10（块（1）Width（YC））的值改为 100，测试条件表达式，如图 7-17 所示。

步骤五：保存

选择【文件】|【保存】命令，保存文件。

图 7-16　【表达式】对话框

图 7-17　测试条件表达式

7.2.4　步骤点评

对于步骤三：关于抑制表达式的值

当表达式的值为"0"时，特征被抑制。当表达式的值为"非0"时（默认为1），特征不被抑制。

7.2.5　总结与拓展——抑制表达式

抑制表达式是基于一个表达式的值来显示或隐藏特征。当使用此功能时，系统自动创建抑制特征表达式，并相关于所选的特征。可在【表达式】对话框中编辑此表达式，一般使用条件表达式来抑制特征的显示或隐藏。

7.2.6　随堂练习

设计理念：

当直径小于 60 时，不设计圆孔。

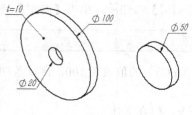

随堂练习 2

7.3.1 案例介绍及知识要点

要求：

创建螺母 GB6170-86 的实体模型零件库，零件规格如表 7-1 所示。

表 7-1　　　　　　　　　　　　　　　　六角头螺母的规格

螺纹规格 d	m	s
M12	10.8	18
M16	14.8	24
M20	18	30
M24	21.5	36

知识点

掌握创建部件族的方法。

7.3.2 操作步骤

步骤一：打开文件

打开文件"Nut_mm.prt"。

步骤二：建立部件族参数电子表格

（1）选择【工具】|【部件族】命令，出现【部件族】对话框。

① 在【可用的列】列表框中依次双击螺栓的可变参数 s、d、m，即可将这些参数添加到【部件族】对话框的【选定的列】列表框中；

② 将【族保存目录】改为"E:\NX\7\Study\"，如图 7-18 所示。

（2）单击【创建】按钮，系统将启动 Microsoft Excel 程序，并生成一张工作表，如图 7-19 所示。

（3）在电子表格中录入系列螺栓的规格，如图 7-20 所示。

（4）选取工作表中的 2~5 行、A~E 列，然后选择 Excel 程序中【部件族】|【创建部件】命令，系统运行一段时间以后，会出现【信息】对话框，如图 7-21 所示。该对话框中显示了所生成的系列零件，即零件库。

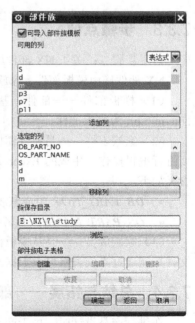

图 7-18 【部件族】对话框

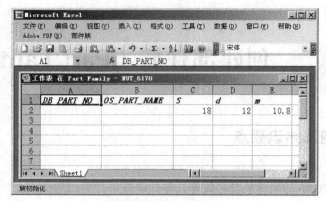

图 7-19　部件族参数电子表格

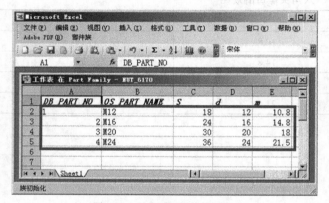

图 7-20　录入系列螺栓的规格

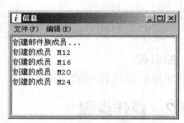

图 7-21　【信息】对话框

7.3.3　步骤点评

对于步骤二：关于 NX 部件族

NX 部件族由模板部件、家族表格和家族成员三部分组成。

（1）模板部件——部件族基于此部件通过电子表格构建其他的系列化零件。本例中文件 Nut_mm.prt 为模板部件。

（2）家族表格——是通过模板部件创建的电子表格，描述了模板部件的不同属性，可根据需要进行编辑操作。生成的 Excel 文件为家族表格，其中的 DB_PART_NO 和 OS_PART_NAME 的含义如下。

- ***DB_PART_NO***：生成家族成员的序号；
- ***OS_PART_NAME***：命名生成家族成员的名字。

（3）家族成员——是从模板部件和家族表格中创建，并与它们关联的只读部件文件。此部件文件只能通过家族表格修改数据。本例中创建的家族成员有 M12、M16、M20、M24。

7.3.4　总结与拓展——部件族

在进行产品设计时，由于产品的系列化，肯定会带来零件的系列化。这些零件外形相似，但大小不等或材料不同，会存在一些微小的区别。在用户进行三维建模时，可以考虑使用 CAD 软件的一些特殊的功能来简化这些重复的操作。

NX 的部件族（Part Family）就是帮助客户来完成这样的工作的，可以达到知识再利用的目的，大大节省了三维建模的时间。用户可以按照需求建立自己的部件家族零件，可以定义使用不同的材料，或其他的属性，也可以定义不同的规格和大小。其定义过程中可以使用 Microsoft Excel 电子表格来帮助完成，它不仅内容丰富，而且使用简单。

7.3.5 随堂练习

建立垫圈零件库，如下所示。

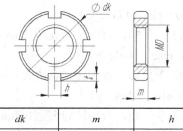

D	dk	m	h	t
10	20			
12	22	6	4.3	2.6
16	28			

随堂练习 3

7.4 实战练习

通过建立条件表达式来体现设计意图，如图 7-22 所示。

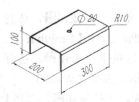

图 7-22　应用表达式

7.4.1 设计理念

（1）长是高的两倍；

（2）宽等于高的三倍；

（3）厚度为 5mm；

（4）孔的直径是高的函数，如下表所示。

部件高（height）	孔直径（hole_dia）
Height＞80	20
60＜height≤80	16
40＜height≤60	12
20＜height≤40	8
height≤20	0

建模分析

孔将由下列表达式约束。

Hole_dia=if （height＞80）（10）else （hole_c）

即如果高大于 80，则孔直径将等于 20，否则转到表达式 hole_c。

Hole_c=if （height＞60）（16）else （hole_b）

即如果高大于 60，则孔直径将等于 16，否则转到表达式 hole_b。

Hole_b=if （height＞40）（12）else （hole_a）

即如果高大于 40，则孔直径将等于 12，否则转到表达式 hole_d。

Hole_a=if （height＞20）（8）else （hole_sup）

即如果高大于 20，则孔直径将等于 8，否则转到表达式 hole_sup。

Hole_sup=if （height＜20）（0）else （1）

即如果高小于 20，则抑制孔特征，否则不抑制孔特征。

7.4.2　操作步骤

步骤一：新建文件，创建模型

（1）新建文件"**expression**.prt"。

（2）选择【工具】|【表达式】，出现【表达式】对话框。通过该对话框建立的表达式，如图 7-23 所示。

（3）选择【插入】|【设计特征】|【长方体】命令，出现【块】对话框。

① 单击【长度】文本框右侧的选项下拉按钮 ，选择【公式】选项，出现【表达式】对话框，选择【Length】；

② 单击【宽度】文本框右侧的选项下拉按钮 ，选择【公式】选项，出现【表达式】对话框，选择【Width】；

图 7-23　【表达式】对话框

③ 单击【高度】文本框右侧的选项下拉按钮 ，选择【公式】选项，出现【表达式】对话框，选择【Heigth】；

如图 7-24 所示，单击【确定】按钮，在坐标系原点（0，0，0）处创建长方体。

（4）单击【特征操作】工具栏上的【边倒圆】按钮 ，在【要倒圆的边】组中，激活【选择边】，在图形区选择 2 条边，在【半径 1】文本框中输入 10，如图 7-25 所示，单击【确定】按钮。

（5）选择【插入】|【偏置/缩放】|【抽壳】命令，出现【抽壳】对话框。

① 从【类型】列表中选择【移除面，然后抽壳】选项；

② 在【要穿透的面】组中激活【选择面】，在图形区选择要移除的面；

③ 在【厚度】组中，在【厚度】文本框中输入 5。

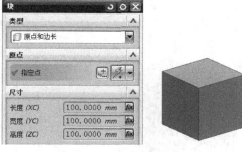

图 7-24 创建长方体

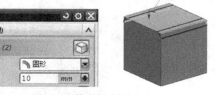

图 7-25 等半径边倒圆

如图 7-26 所示，单击【确定】按钮，创建等厚度抽空特征。

（6）单击【特征】工具栏上的【基准平面】
按钮□，出现【基准平面】对话框。

① 从【类型】列表中选择【自动判断】
选项；

② 在【要定义平面的对象】组中激活【选
择对象】，在图形区选择两端面，单击【应用】
按钮，建立基准面 1；

③ 在图形区选择另外两端面，如图 7-27
所示，单击【确定】按钮，建立基准面 2。

图 7-26 抽壳

图 7-27 建立基准面

（7）单击【特征】工具栏上的【孔】按钮■，出现【孔】对话框。

① 从【类型】列表中选择【常规孔】选项；

② 激活【位置】组，提示行提示"选择要草绘的平面或指定点"，单击【绘制草图】按钮■，
在图形区选择底面绘制圆心点草图，如图 7-28 所示；

③ 退出草图，在【方向】组中，从【孔方向】列表中选择【垂直于
面】选项；

④ 在【形状和尺寸】组中，从【成形】列表中选择【简单】选项；

⑤ 在【尺寸】组中，在【直径】文本框中输入 20，从【深度限制】
列表选择【贯通体】选项。

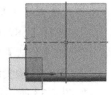

图 7-28 绘制圆心点草图

如图 7-29 所示，单击【确定】按钮。

步骤二：改变高和宽的表达式

选择【工具】|【表达式】命令，出现【表达式】对话框。

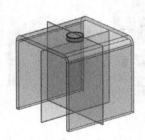

图 7-29　打孔

① 选择【Length】，在【公式】文本框中输入 2*Height，单击【接受编辑】按钮✔；

② 选择【Width】，在【公式】文本框中输入 3*Height，单击【接受编辑】按钮✔，如图 7-30 所示；

③ 单击【确定】按钮，模型自动更新后如图 7-31 所示。

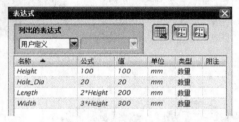

图 7-30　【表达式】对话框

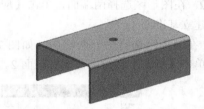

图 7-31　更新后的模型

步骤三：建立孔的抑制表达式

设计意图规定如果高小于 1 则孔直径将是零。如果将孔直径设为零，将收到一个错误信息。设计意图将通过建立一抑制特征的抑制表达式来完成。

（1）选择【编辑】|【特征】|【由表达式抑制】命令，出现【由表达式抑制】对话框。

① 在【表达式】组中，从【表达式选项】列表中选择【为每个创建】选项；

② 在【选择特征】组中，在【相关特征】列表中选择"简单孔（6）"。

如图 7-32 所示，单击【确定】按钮。

（2）选择【工具】|【表达式】命令，出现【表达式】对话框。

① 选择【p87（简单孔（6）Suppression Status）】，在【名称】文本框中输入 Hole_Sup；

② 在【公式】文本框输入 if （Height<20）（0） else （1）；

③ 单击【接受编辑】按钮✔。

如图 7-33 所示，单击【确定】按钮。

（3）建立其余的条件表达式。

Hole_a=if （Height>20）（8） else （Hole_sup）；

Hole_b=if （Height>40）（12） else （Hole_a）；

Hole_c=if （Height>60）（16）else （Hole_b）。

图 7-32 【由表达式抑制】对话框

图 7-33 【表达式】对话框

建立的其余表达式如图 7-34 所示。

名称	公式	值	单位	类型	附注
Hole_a	if (Height>20) (8) else (Hole_sup)	8		数量	
Hole_b	if (Height>40) (12) else (Hole_a)	12		数量	
Hole_c	if (Height>60) (16) else (Hole_b)	12		数量	

图 7-34 【表达式】对话框

（4）编辑"Hole_Dia"表达式。

选择【Hole_Dia】，在【公式】文本框中输入 if （Height>80）（10）else （Hole_c），如图 7-35 所示，单击【应用】按钮。

名称	公式	值	单位	类型	附注
Hole_a	if (Height>20) (8) else (Hole_sup)	8		数量	
Hole_b	if (Height>40) (12) else (Hole_a)	12		数量	
Hole_c	if (Height>60) (16) else (Hole_b)	12		数量	
Hole_Dia	if (Height>80) (10) else (Hole_c)	12	mm	数量	

图 7-35 【表达式】对话框

步骤四：测试设计意图

（1）选择【height】，在【公式】文本框中输入 60，单击【应用】，观察模型。

（2）选择【height】，在【公式】文本框中输入 18，单击【应用】，观察模型。

最终效果如图 7-36 所示。

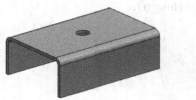

图 7-36 观察模型

步骤五：保存

选择【文件】|【保存】命令，保存文件。

7.5 上机练习

（1）建立垫圈零件库，如习题图 1 所示。

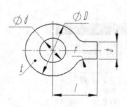

公制螺纹	单舌垫圈					
	d	D	t	L	b	r
6	6.5	18	0.5	15	6	3
10	10.5	26	0.8	22	9	5
16	17	38	1.2	32	12	6
20	21	45	1.2	36	15	8

习题图 1

（2）建立轴承压盖零件库，如习题图 2 所示。

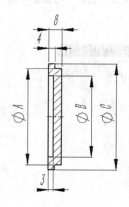

	A	B	C
1	62	52	68
2	47	37	52
3	30	20	35

习题图 2

（3）建立垫圈零件库，如习题图 3 所示。

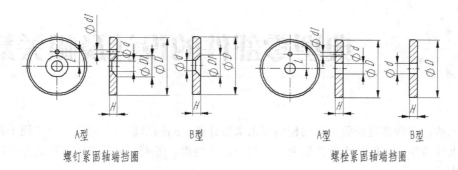

A型　　　　　　　B型　　　　　　　A型　　　　　　　B型

螺钉紧固轴端挡圈　　　　　　　　　螺栓紧固轴端挡圈

习题图3

轴径≤	D	H	L	d	d1
20	28	4	7.5	5.5	2.1
22	30	4	7.5		
25	32	5	10	6.6	3.2
28	35	5	10		

第8章 典型零部件的设计及相关知识

由于一般的零件都是按照单独的使用要求来设计的,结构形状千差万别。为了便于教学,我们将非标准件按结构功能特点分为轴套类、盘类、叉架类、盖类和箱体类。本章将介绍这 5 类零件的建模方法。

8.1 轴套类零件设计

8.1.1 案例介绍及知识要点

设计的铣刀头轴如图 8-1 所示。

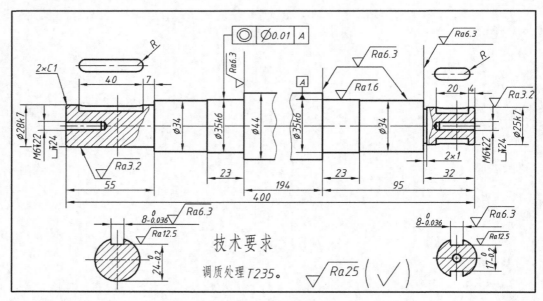

图 8-1 铣刀头轴

知识点

轴套类零件设计的一般方法。

8.1.2 设计理念

(1)铣刀头轴的径向尺寸和基准如图 8-2 所示;

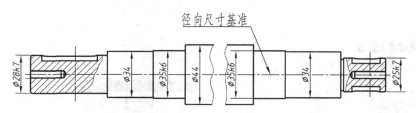

图 8-2 铣刀头轴的径向尺寸和基准

（2）铣刀头轴轴向的主要尺寸和基准如图 8-3 所示；

轴向主要尺寸和基准

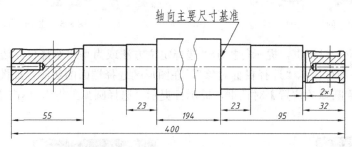

图 8-3 铣刀头轴的轴向尺寸和基准

（3）倒角 1×45°。

建模步骤如表 8-1 所示。

表 8-1 建模步骤

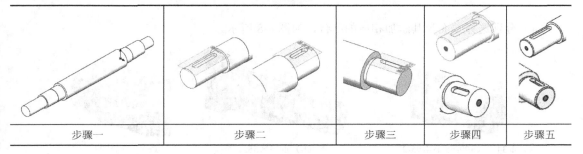

步骤一	步骤二	步骤三	步骤四	步骤五

8.1.3　操作步骤

步骤一：新建文件，创建轴毛坯

（1）新建文件"Axis.sldprt"。

（2）选择【插入】|【设计特征】|【圆柱】命令，出现【圆柱】对话框。

① 在【轴】组中，激活【指定矢量】，在图形区选择 OY 轴；

② 激活【指定点】，单击【点对话框】按钮 ，确定 XC=0，YC=0，ZC=0；

③ 在【尺寸】组中，在【直径】文本框中输入 44，在【高度】文本框中输入 194。

如图 8-4 所示，单击【确定】按钮。

（3）单击【特征】工具栏上的【凸台】按钮 ，出现【凸台】对话框。

① 在【直径】文本框中输入 35，在【高度】文本框中输入 23；

② 提示行提示"选择平的放置面"，在图形区选择端面为放置面，如图 8-5 所示，单击【应

用】按钮；

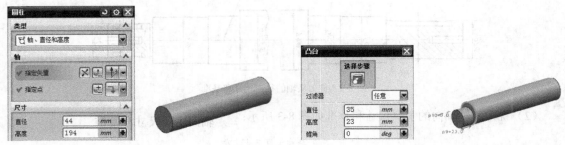

图 8-4　创建圆柱体　　　　　　　　　　　　　　　　图 8-5　建立凸台

③ 出现【定位】对话框，提示行提示"选择定位方法或为垂线选择目标边/基准"，单击【点到点】按钮，提示行提示"选择目标对象"，在图形区选择端面的边缘，如图 8-6 所示；

④ 出现【设置圆弧的位置】对话框，提示行提示"选择圆弧上点"，单击【圆弧中心】按钮，如图 8-7 所示。

图 8-6　定位　　　　　　　　　　　　　　　　图 8-7　创建凸台

（4）分别选择端面为其添加相应的凸台，如图 8-8 所示。

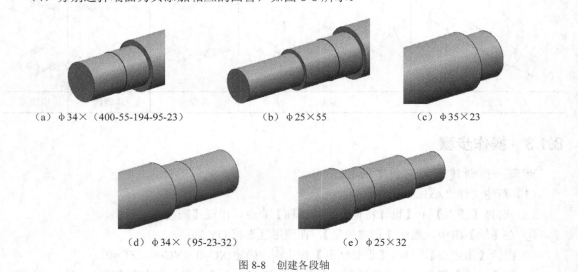

（a）φ34×（400-55-194-95-23）　　（b）φ25×55　　（c）φ35×23

（d）φ34×（95-23-32）　　（e）φ25×32

图 8-8　创建各段轴

步骤二：创建键槽

（1）单击【特征操作】工具栏上的【基准平面】按钮，出现【基准平面】对话框。从【类型】列表中选择【自动判断】选项，在图形区选择圆柱表面，如图 8-9 所示，单击【应用】按钮，建立相切的基准面 1。

（2）建立与圆柱相切的基准面。

① 在【要定义平面的对象】组中激活【选择对象】，在图形区选择圆柱表面和相切的基准面 1；

② 在【角度】组中，从【角度选项】列表中选择【垂直】选项；如图 8-10 所示，单击【应用】按钮，建立相切基准面 2；

图 8-9　与圆柱相切的基准面 1

③ 使用同样的方法建立相切基准面 3 和相切基准面 4。

（a）基准面对话框　　　　　（b）相切基准面 2　　　（c）相切基准面 3　　　（d）相切基准面 4

图 8-10　建立相切基准面

（3）建立二等分基准面。

在【要定义平面的对象】组中激活【选择对象】，在图形区选择两个面，如图 8-11 所示，单击【应用】按钮，创建两个面的二等分基准面。

（4）建立定位基准面。

① 在【要定义平面的对象】组中激活【选择对象】，在图形区选择圆柱端面；

② 在【偏置】组中，在【距离】文本框中输入 0。

如图 8-12 所示，单击【确定】按钮，建立定位基准面。

图 8-11　建立二等分基准面　　　　　图 8-12　建立定位基准面

（5）单击【特征】工具栏上的【键槽】按钮，出现【键槽】对话框。

① 选中【矩形槽】单选按钮，取消【通槽】复选框，单击【确定】按钮；

② 出现【矩型键槽】对话框，提示行提示"选择平的放置面"，在图形区选择放置面，如图 8-13 所示，单击【接受默认】按钮；

③ 出现【水平参考】对话框，提示行提示"选择水平参考"，在图形区选择水平方向，如图 8-14 所示；

图 8-13　选择放置面

④ 出现【矩型键槽】对话框，在【长度】文本框中输入 40，在【宽度】文本框中输入 8，在【深度】文本框中输入 4，如图 8-15 所示，单击【确定】按钮；

图 8-14　选择水平方向　　　　　　　　　　　图 8-15　【矩型键槽】对话框

⑤ 出现【定位】对话框，提示行提示"选择定位方法"，单击【线到线】按钮 ，提示行提示"选择目标边/基准"，在图形区选择目标边，提示行提示"选择工具边"，在图形区选择工具边，如图 8-16 所示；

⑥ 出现【定位】对话框，提示行提示"选择定位方法"，单击【垂直】按钮 ，提示行提示"选择目标边/基准"，在图形区选择目标边，提示行提示"选择工具边"，在图形区选择工具边，如图 8-17 所示；

   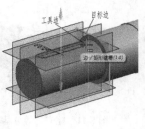

图 8-16　定位　　　　　　　　　　　　　　　图 8-17　定位

⑦ 出现【设置圆弧的位置】对话框，点击【相切点】按钮，如图 8-18 所示，单击【确定】按钮；

⑧ 出现【创建表达式】对话框，在文本框中输入 7，如图 8-19 所示，单击【确定】按钮。

（6）按同样的方法创建其他键槽，如图 8-20 所示。

步骤三：创建退刀槽

单击【特征】工具栏上的【沟槽】按钮 ，出现【槽】对话框。

图 8-18 【设置圆弧的位置】对话框

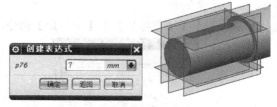

图 8-19 定位

① 单击【矩形】按钮，出现【矩形槽】对话框，提示行提示"选择放置面"，在图形区选择放置面，如图 8-21 所示；

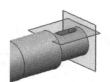

图 8-20 创建另一键槽

图 8-21 选择放置面

② 出现【矩形槽】对话框，在【槽直径】文本框中输入 23，在【宽度】文本框中输入 2，如图 8-22 所示，单击【确定】按钮；

③ 出现【定位槽】对话框，提示行提示"选择目标边或'确定'接受初始位置"，在图形区选择端面边缘，提示行提示"选择刀具边"，在图形区选择槽的边缘，如图 8-23 所示；

图 8-22 建立沟槽

图 8-23 定位沟槽

④ 出现【创建表达式】对话框，在文本框中输入 0，如图 8-24 所示，单击【确定】按钮。

步骤四：创建螺纹孔

（1）单击【特征】工具栏上的【孔】按钮，出现【孔】对话框。

① 从【类型】列表中选择【螺纹孔】选项；

② 在【位置】组中，激活【指定点】，提示行提示"选择要草绘的平面或指定点"，单击【点】按钮，在图形区选择面的圆心点为孔的中心；

图 8-24 定位沟槽

③ 在【方向】组中，从【孔方向】列表中选择【垂直于面】选项；

④ 在【形状和尺寸】组中，从【大小】列表中选择【M6×1.0】选项；

⑤ 在【尺寸】组中，从【深度限制】列表中选择【值】选项，在【深度】文本框中输入 22。

如图 8-25 所示，单击【确定】按钮。

（2）按同样的方法创建另一端螺纹孔，如图 8-26 所示。

步骤五：创建倒角

选择【插入】|【细节特征】|【倒斜角】命令，打开【倒斜角】对话框。

图 8-25　创建螺纹孔

① 在【边】组中，激活【选择边】，在图形区选择轴的两端；

② 在【偏置】组中，从【横截面】列表中选择【偏置和角度】选项，在【距离】文本框中输入 1，在【角度】文本框中输入 45。

如图 8-27 所示，单击【确定】按钮。

步骤六：移动层

（1）将基准面移到第 61 层。

（2）将第 61 层设为【不可见】。

最终效果如图 8-28 所示。

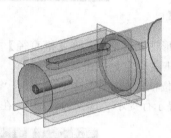

图 8-26　创建螺纹孔

图 8-27　倒斜角

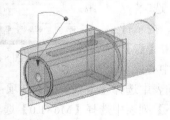

图 8-28　倒角

步骤七：保存

选择【文件】|【保存】命令，保存文件。

8.1.4 总结与拓展——轴套类零件的表达分析

1. 结构特点

（1）轴套类零件包括各种轴、丝杆、套筒、衬套等，各组成部分大多是同轴线的回转体，且轴向尺寸长，径向尺寸短，从总体上看是细而长的回转体。

（2）根据设计和工艺的要求，这类零件常带有轴肩、键槽、螺纹、挡圈槽、退刀槽、中心孔等结构。为去除金属锐边，并便于轴上零件的装配，轴的两端均有倒角。

2. 常用的表达方法

（1）一般只用一个完整的基本视图（即主视图）即可把轴套上各回转体的相对位置和主要形状表示清楚。

（2）这类零件常在车床和磨床上加工，选择主视图时，多按加工位置将轴线水平放置。主视图的投射方向垂直于轴线。

（3）建模时一般将小直径的一端朝右，以符合零件的最终加工位置；平键键槽朝前、半圆键键槽朝上，以利于形状特征的表达。

（4）常用断面、局部剖视、局部视图、局部放大图等图样画法来表示键槽、退刀槽和其他槽、孔等的结构。

（5）对于形状简单而轴向尺寸较长的部分，常先断开后缩短再绘制。

（6）空心套类零件由于多存在内部结构，一般采用全剖、半剖或局部剖的方式绘制。

8.1.5 随堂练习

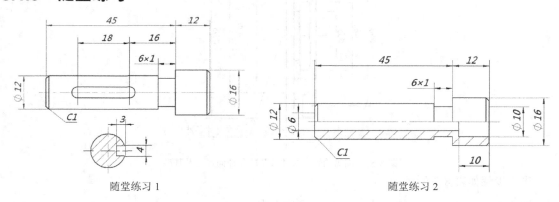

随堂练习 1　　　　　　　　　　　　　　随堂练习 2

 **盘类零件设计**

8.2.1 案例介绍及知识要点

设计的铣刀头上的端盖如图 8-29 所示。

知识点

盘类零件设计的一般方法。

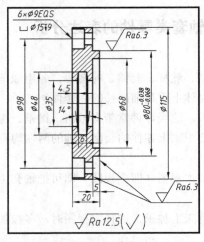

图 8-29　端盖

8.2.2　设计理念

端盖的轴向尺寸及基准和径向尺寸及基准，如图 8-30 所示。

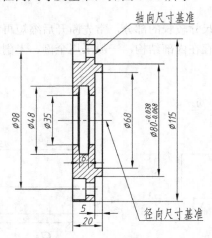

图 8-30　端盖的轴向尺寸及基准和径向尺寸及基准

建模步骤如表 8-2 所示。

表 8-2　　　　　　　　　　　　　　　　　　　　建模步骤

步骤一	步骤二	步骤三

8.2.3　操作步骤

步骤一：新建文件，创建毛坯

（1）新建文件 "Cover.prt"。

（2）选择【插入】｜【设计特征】｜【圆柱】命令，出现【圆柱】对话框。

① 在【轴】组中，激活【指定矢量】，在图形区选择 OZ 轴；

② 在【直径】文本框中输入 115，在【高度】文本框中输入 15。

如图 8-31 所示，单击【确定】按钮。

（3）单击【特征】工具栏上的【凸台】按钮，出现【凸台】对话框。

① 在【直径】文本框中输入 80，在【高度】文本框中输入 5，在【锥角】文本框中输入 0；

② 提示行提示"选择平的放置面"，在图形区选择端面为放置面，如图 8-32 所示，单击【应用】按钮；

图 8-31 创建圆柱体　　　　　　　图 8-32 建立凸台

③ 出现【定位】对话框，提示行提示"选择定位方法或为垂线选择目标边/基准"，单击【点到点】按钮，提示行提示"选择目标对象"，在图形区选择端面的边缘，如图 8-33 所示；

④ 出现【设置圆弧的位置】对话框，提示行提示"选择圆弧上点"，单击【圆弧中心】按钮，如图 8-34 所示。

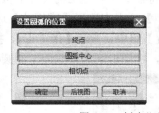

图 8-33 定位　　　　　　　　　图 8-34 创建凸台

步骤二：创建密封孔

（1）单击【特征】工具栏上的【孔】按钮，出现【孔】对话框。

① 从【类型】列表中选择【常规孔】选项；

② 在【位置】组中，激活【指定点】，提示行提示"选择要草绘的平面或指定点"，单击【点】按钮，在图形区选择面的圆心点为孔的中心；

③ 在【方向】组中，从【孔方向】列表中选择【垂直于面】选项；

④ 在【形状和尺寸】组中，从【成形】列表中选择【沉头孔】选项；

⑤ 在【尺寸】组中，在【沉头直径】文本框中输入 68，在【沉头深度】文本框中输入 5，在【直径】文本框中输入 35，从【深度限制】列表中选择【贯通体】选项。

如图 8-35 所示，单击【确定】按钮。

（2）在图形区选择 YOZ 基准面，绘制草图，如图 8-36 所示。

（3）选择【插入】｜【设计特征】｜【回转】命令，出现【回转】对话框。

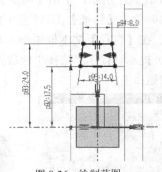

图 8-35　打孔　　　　　　　　　　图 8-36　绘制草图

① 设置选择意图规则：相连曲线；

② 在【截面】组中，激活【选择曲线】，在图形区选择曲线；

③ 在【轴】组中，激活【指定矢量】，在图形区指定矢量；

④ 在【限制】组中，从【结束】列表中选择【值】选项，在【角度】文本框中输入 360；

⑤ 在【布尔】组中，从【布尔】列表中选择【求差】选项。

如图 8-37 所示，单击【确定】按钮。

步骤三：创建螺栓孔

（1）单击【特征】工具栏上的【孔】按钮 ，出现【孔】对话框。

① 从【类型】列表中选择【常规孔】选项；

② 在【位置】组中，激活【指定点】，提示行提示"选择要草绘的平面或指定点"，单击【绘制草图】按钮 ，在图形区选择底面绘制圆心点草图，如图 8-38 所示；

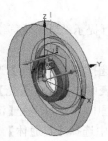
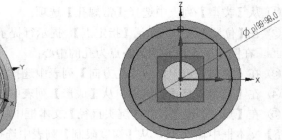

图 8-37　创建密封槽　　　　　　　　　图 8-38　绘制圆心点草图

③ 退出草图，在【方向】组中，从【孔方向】列表中选择【垂直于面】选项；

④ 在【形状和尺寸】组中，从【成形】列表中选择【沉头孔】选项；

⑤ 在【尺寸】组中，在【沉头直径】文本框中输入 15，在【沉头深度】文本框中输入 9，在【直径】文本框中输入 9，从【深度限制】列表中选择【贯通体】选项。

如图 8-39 所示，单击【确定】按钮。

（2）选择【插入】|【关联复制】|【阵列特征】命令，出现【阵列特征】对话框。

① 在【要形成阵列的特征】组中，激活【选择特征】，在图形区选择孔；

② 在【阵列定义】组中，从【布局】列表中选择【圆形】选项；

③ 在【边界定义】组中，激活【指定矢量】，在图形区设置方向，激活【指定点】，在图形区选择圆心；

④ 在【角度方向】组中，从【间距】列表中选择【数量和节距】选项，在【数量】文本框中输入 6，在【节距角】文本框中输入 360/6。

如图 8-40 所示，单击【确定】按钮。

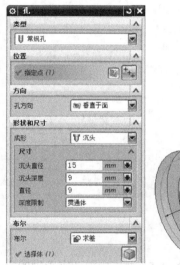
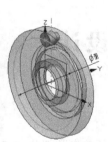

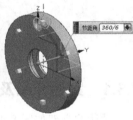

图 8-39　创建螺栓孔　　　　　　　　　　图 8-40　圆形阵列螺栓孔

步骤四：移动层

（1）将草图移到第 21 层。

（2）将第 21 层设为【不可见】。

最终效果如图 8-41 所示。

步骤五：保存

选择【文件】|【保存】命令，保存文件。

8.2.4　总结与拓展——盘类零件的表达分析

图 8-41　完成建模

盘类零件包括齿轮、手轮、皮带轮、飞轮、法兰盘、端盖等。

1．结构特点

盘类零件的主体一般也为回转体，与轴套零件不同的是，盘类零件的轴向尺寸小而径向尺寸较大，一般有一个端面是与其他零件连接的重要接触面。这类零件上常有退刀槽、凸台、凹坑、倒角、圆角、轮齿、轮辐、筋板、螺孔、键槽，以及作为定位或连接用的孔等结构。

2．表达方法

由于盘类零件的多数表面也是在车床上加工的，为了方便工人对照看图，主视图往往也按加工位置摆放。

（1）选择垂直于轴线的方向作为主视图的投射方向，主视图按轴线侧垂放置。

（2）若有内部结构，主视图常采用半剖或全剖视图或局部剖来表达。

（3）一般还需要使用左视图或右视图来表达盘上连接孔或轮辐、筋板等的数目和分布情况。

（4）还未表达清楚的局部结构，常采用局部视图、局部剖视图、断面图和局部放大图等来补充表达。

8.2.5　随堂练习

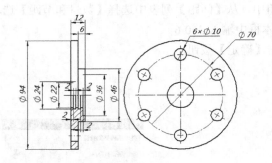

随堂练习 3

8.3 支架类零件设计

8.3.1　案例介绍及知识要点

设计的支架如图 8-42 所示，它由空心半圆柱带凸耳的安装部分、"T"型连接板和支承轴的空心圆柱等构成。

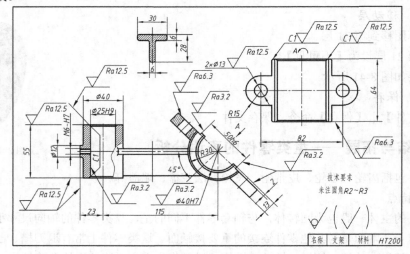

图 8-42 叉架

知识点

支架类零件设计的一般方法。

8.3.2 设计理念

支架的长度尺寸及基准、宽度尺寸及基准和高度尺寸及基准，如图 8-43 所示。

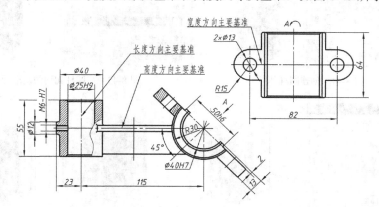

图 8-43 支架的长度尺寸及基准、宽度尺寸及基准和高度尺寸及基准

建模步骤如表 8-3 所示。

表 8-3　　　　　　　　　　　　　建模步骤

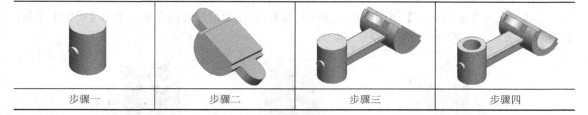

| 步骤一 | 步骤二 | 步骤三 | 步骤四 |

8.3.3 操作步骤

步骤一：新建文件，创建毛坯1

（1）新建文件"support.prt"。

（2）选择【插入】|【设计特征】|【圆柱】命令，出现【圆柱】对话框。

① 在【轴】组中，激活【指定矢量】，在图形区选择 OZ 轴；

② 在【直径】文本框中输入 40，在【高度】文本框中输入 55。

如图 8-44 所示，单击【确定】按钮。

（3）单击【特征操作】工具栏上的【基准平面】按钮 🔲，出现【基准平面】对话框。从【类型】列表中选择【自动判断】选项，在【要定义平面的对象】中激活【选择对象】，在图形区选择圆柱表面，如图 8-45 所示，单击【应用】按钮，建立相切基准面1。

（4）建立与圆柱相切的基准面2。

① 在【要定义平面的对象】组中激活【选择对象】，在图形区选择圆柱表面和相切基准面1；

② 在【角度】组中，从【角度选项】列表中选择【垂直】选项。

如图 8-46 所示，单击【应用】按钮，建立相切基准面2。

（5）按同样的方法建立相切基准面 3 和相切基准面 4，如图 8-47 所示。

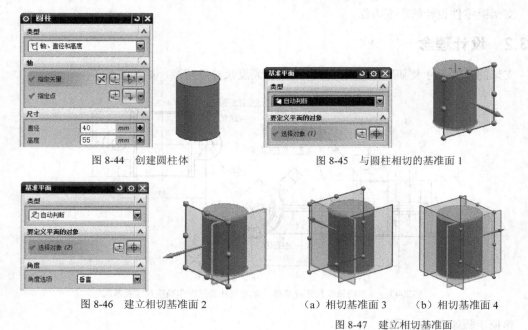

图 8-44　创建圆柱体　　　　　　　　　　图 8-45　与圆柱相切的基准面 1

图 8-46　建立相切基准面 2　　　　　（a）相切基准面 3　　（b）相切基准面 4

图 8-47　建立相切基准面

（6）建立二等分基准面。

在【要定义平面的对象】组中激活【选择对象】，在图形区选择两个面，单击【确定】按钮，如图 8-48 所示，创建两个面的二等分基准面。

二等分基准面 1　　　　　　　二等分基准面 2　　　　　　　二等分基准面 3

图 8-48　建立二等分基准面

（7）单击【特征】工具栏上的【凸台】按钮，出现【凸台】对话框。

① 在【直径】文本框中输入 12，在【高度】文本框中输入 23；

② 提示行提示"选择平的放置面"，在图形区选择二等分基准面为放置面，如图 8-49 所示，单击【确定】按钮；

③ 出现【定位】对话框，提示行提示"选择定位方法或为垂线选择目标边/基准"，单击【点到线】按钮，提示行提示"选择目标对象"，在图形区选择端面的边缘，如图 8-50 所示；

④ 单击【点到线】按钮，提示行提示"选择目标对象"在图形区选择端面的边缘，如图 8-51 所示。

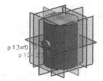

图 8-49　建立凸台

图 8-50　定位

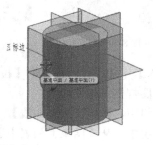

图 8-51　创建凸台

步骤二：创建毛坯 2

（1）建立定位基准面。

单击【特征操作】工具栏上的【基准平面】按钮，出现【基准平面】对话框。

① 从【类型】列表中选择【自动判断】选项；

② 在【要定义平面的对象】组中激活【选择对象】，在图形区选择二等分基准面；

③ 在【偏置】组中，在【距离】文本框中输入 115，如图 8-52 所示，单击【确定】按钮，建立定位基准面。

（2）在中间基准面上绘制草图，如图 8-53 所示。

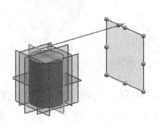

图 8-52　建立定位基准面

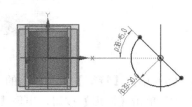

图 8-53　绘制草图

（3）选择【插入】|【设计特征】|【拉伸】，出现【拉伸】对话框。

① 设置选择意图规则：相连曲线；

② 在【截面】组中，激活【选择曲线】，在图形区选择曲线；

③ 在【极限】组中，从【结束】列表中选择【对称值】选项，在【距离】文本框中输入 32；

④ 在【布尔】组中，从【布尔】列表中选择【无】选项。

如图 8-54 所示，单击【确定】按钮。

（4）在上表面绘制草图，如图 8-55 所示。

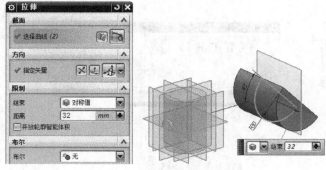

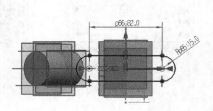

图 8-54　建立拉伸体　　　　　　　　　　图 8-55　在上表面绘制草图

（5）选择【插入】|【设计特征】|【拉伸】，出现【拉伸】对话框。

① 设置选择意图规则：相连曲线；

② 在【截面】组中，激活【选择曲线】，在图形区选择曲线；

③ 在【极限】组中，从【结束】列表中选择【值】选项，在【距离】文本框中输入 11；

④ 在【布尔】组中，从【布尔】列表中选择【求和】选项。

如图 8-56 所示，单击【确定】按钮。

图 8-56　建立拉伸体

（6）单位【特征】工具栏上的【垫块】按钮 ，出现【垫块】对话框。

① 单击【矩形】按钮，出现【矩形垫块】对话框，提示行提示 "选择平的放置面"，在图形区选择放置面，如图 8-57 所示；

图 8-57　选择放置面

② 出现【水平参考】对话框，提示行提示"选择水平参考"，在图形区选择水平方向，如图 8-58 所示；

③ 出现【矩形垫块】对话框，在【长度】文本框中输入 50，在【宽度】文本框中输入 64，在【高度】文本框中输入 2，如图 8-59 所示；

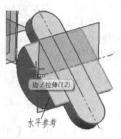

图 8-58　选择水平方向

图 8-59　【矩形垫块】对话框

④ 出现【定位】对话框，将模型切换成静态线框形式，提示行提示"选择定位方法"，单击【线到线】按钮，提示行提示"选择目标边/基准"，在图形区选择目标边，提示行提示"选择工具边"，在图形区选择工具边，如图 8-60 所示；

⑤ 出现【定位】对话框，单击【线到线】按钮，提示行提示"选择目标边/基准"，在图形区选择目标边，提示行提示"选择工具边"，在图形区选择工具边，如图 8-61 所示。

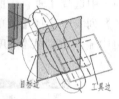

图 8-60　线到线定位

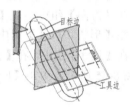

图 8-61　线到线定位

步骤三：创建连接体

（1）在中间基准面上绘制草图，如图 8-62 所示。

（2）选择【插入】|【设计特征】|【拉伸】，出现【拉伸】对话框。

① 设置选择意图规则：相连曲线；

② 在【截面】组中，激活【选择曲线】，在图形区选择曲线；

③ 在【极限】组中，从【结束】列表中选择【直至选定】选项；

④ 在【布尔】组中，从【布尔】列表中选择【无】选项。

如图 8-63 所示，单击【确定】按钮。

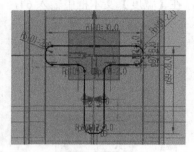

图 8-62　绘制草图

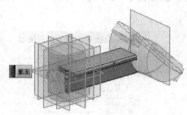

图 8-63　建立连接体

（3）选择【插入】|【组合体】|【求和】命令，出现【求和】对话框。

① 在【目标】组中，激活【选择体】，在图形区选择连接体；

② 在【工具】组中，激活【选择体】，在图形区选择毛坯 1 和毛坯 2。

如图 8-64 所示，单击【确定】按钮，完成求和。

步骤四：打孔

（1）单位【特征】工具栏上的【孔】按钮，出现【孔】对话框。

① 从【类型】列表中选择【常规孔】选项；

② 在【位置】组中，激活【指定点】，提示行提示"选择要草绘的平面或指定点"，单击【点】按钮，在图形区选择面的圆心点为孔的中心；

③ 在【方向】组中，从【孔方向】列表中选择【垂直于面】选项；

④ 在【形状和尺寸】组中，从【成形】列表中选择【简单】选项；

⑤ 在【尺寸】组中，在【直径】文本框中输入 25，从【深度限制】列表中选择【贯通体】选项。

如图 8-65 所示，单击【应用】按钮。

图 8-64　建立毛坯

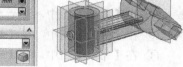

图 8-65　打孔

（2）按同样的方法完成其余孔的创建，如图 8-66 所示。

步骤五：移动层

（1）将草图移到第 21 层。

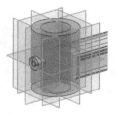
(a) M6 螺纹孔

(b) φ40 孔

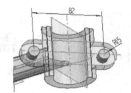
(c) 2×φ13 孔

图 8-66 创建其他孔

（2）将基准面移到第 61 层。

（3）将第 21 层和第 61 层设为【不可见】。

最终效果如图 8-67 所示。

步骤六：保存

选择【文件】|【保存】命令，保存文件。

图 8-67 完成建模

8.3.4 总结与拓展——叉架类零件的表达分析

1．结构特点

叉架类零件包括各种用途的拨叉和支架。拨叉主要用在机床、内燃机等各种机器的操纵机构上，用以操纵机器、调节速度等。支架主要起支承和连接作用，其结构形状虽然千差万别，但其形状结构按其功能可分为工作、安装固定和连接三个部分，常为铸件和锻件。

2．常用的表达方法

（1）叉架类零件常以工作位置放置或将其放正，主视图常根据结构特征来选择，以表达它的形状特征、主要结构和各组成部分的相互位置关系。

（2）叉架类零件的结构形状较复杂，视图数量多在两个以上，根据其具体结构常选用移出断面、局部视图、斜视图等表达方式。

（3）由于安装基面与连接板倾斜，考虑该件的工作位置可能较为复杂，故将零件按放正位置摆放，选择最能反映零件各部分的主要结构特征和相对位置关系的方向设计，即零件处于连接板水平、安装基面正垂、工作轴孔铅垂的位置。

8.3.5 随堂练习

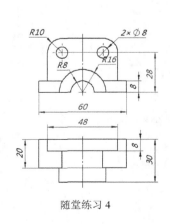

随堂练习 4

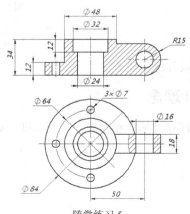

随堂练习 5

8.4 盖类零件设计

8.4.1　案例介绍及知识要点

设计的蜗杆减速器的箱盖如图 8-68 所示。

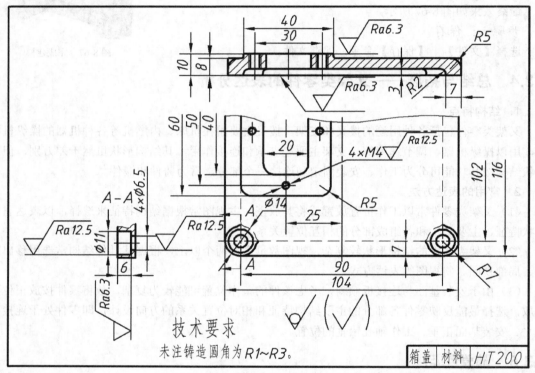

图 8-68　箱盖

知识点

盖类零件设计的一般方法。

8.4.2　设计理念

盖的轴向尺寸及基准和径向尺寸及基准，如图 8-69 所示。

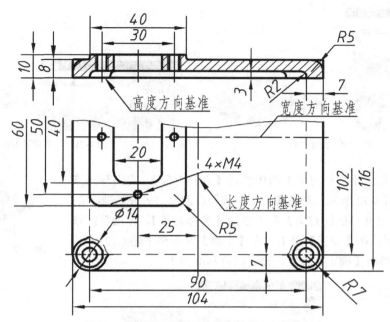

图 8-69 盖的轴向尺寸及基准和径向尺寸及基准

建模步骤如表 8-4 所示。

表 8-4 建模步骤

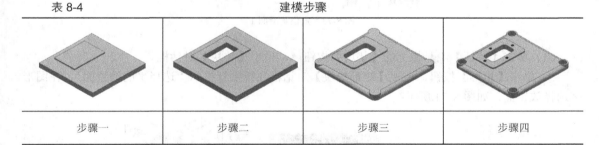

步骤一	步骤二	步骤三	步骤四

8.4.3 操作步骤

步骤一：新建文件，创建毛坯

（1）新建文件 "Cap"。

（2）选择【插入】|【设计特征】|【块】命令，出现【块】对话框。在【尺寸】组中，在【长度】文本框中输入 106，在【宽度】文本框中输入 104，在【高度】文本框中输入 8，如图 8-70 所示，单击【确定】按钮。创建长方体。

（3）单击【特征操作】工具栏上的【基准平面】按钮□，出现【基准平面】对话框。

① 从【类型】列表中选择【自动判断】选项，在【要定义平面的对象】组中激活【选择对象】，在图形区选择两个面，如图 8-71 所示，单击【应用】按钮，创建二等分基准面 1；

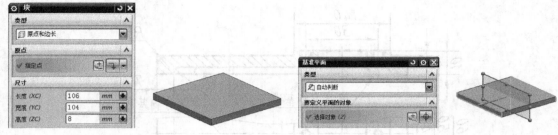

图 8-70　创建基体　　　　　　　　　　　　　图 8-71　二等分基准面 1

② 在【要定义平面的对象】组中激活【选择对象】，在图形区选择两个面，如图 8-72 所示，单击【应用】按钮，创建二等分基准面 2；

③ 在【要定义平面的对象】组中激活【选择对象】，在图形区选择二等分基准面，在【偏置】组中，在【距离】文本框中输入 25，如图 8-73 所示，单击【确定】按钮，建立定位基准面 1。

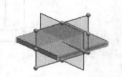

图 8-72　二等分基准面 2

图 8-73　定位基准面 1

（4）单击【特征】工具栏上的【垫块】按钮，出现【垫块】对话框。

① 单击【矩形】按钮，出现【矩形垫块】对话框，提示行提示"选择平的放置面"，在图形区选择放置面，如图 8-74 所示；

图 8-74　选择放置面

② 出现【水平参考】对话框，提示行提示"选择水平参考"，在图形区选择水平方向，如图 8-75 所示；

③ 出现【矩形垫块】对话框，在【长度】文本框中输入 60，在【宽度】文本框中输入 40，在【高度】文本框中输入 2，如图 8-76 所示；

④ 出现【定位】对话框，将模型切换成静态线框形式，提示行提示"选择定位方法"，单击【线到线】按钮，提示行提示"选择目标边/基准"，在图形区选择目标边，提示行提示"选择工

具边"，在图形区选择工具边，如图 8-77 所示；

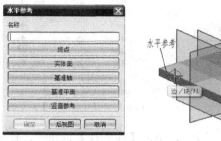

图 8-75 选择水平方向　　　　　　　　　　　　　　　　　图 8-76 【矩形垫块】对话框

⑤ 出现【定位】对话框，单击【线到线】按钮 ⊥，提示行提示"选择目标边/基准"，在图形区选择目标边，提示行提示"选择工具边"，在图形区选择工具边，如图 8-78 所示。

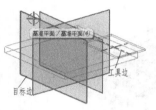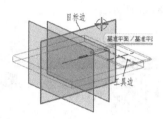

图 8-77 线到线定位　　　　　　　　　　　　　　　图 8-78 线到线定位

步骤二：创建腔体

（1）单击【特征】工具栏上的【腔体】按钮，出现【腔体】对话框。

① 单击【矩形】按钮，出现【矩形腔体】对话框，提示行提示"选择平的放置面"，在图形区选择放置面，如图 8-79 所示；

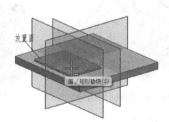

图 8-79 选择放置面

② 出现【水平参考】对话框，提示行提示"选择水平参考"，在图形区选择水平方向，如图 8-80 所示；

③ 出现【矩形腔体】对话框，在【长度】文本框中输入 40，在【宽度】文本框中输入 20，在【深度】文本框中输入 10，如图 8-81 所示，单击【确定】按钮；

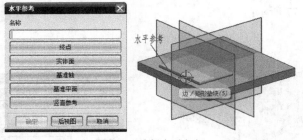

图 8-80　选择水平方向　　　　　　图 8-81　【矩形腔体】对话框

④ 出现【定位】对话框，提示行提示"选择定位方法"，单击【线到线】按钮 ，提示行提示"选择目标边/基准"，在图形区选择目标边，提示行提示"选择工具边"，在图形区选择工具边，如图 8-82 所示；

⑤ 出现【定位】对话框，提示行提示"选择定位方法"，单击【线到线】按钮 ，提示行提示"选择目标边/基准"，在图形区选择目标边，提示行提示"选择工具边"，在图形区选择工具边，如图 8-83 所示。

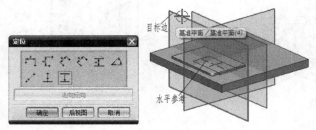
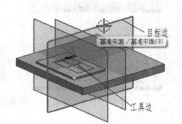

图 8-82　线到线定位　　　　　　　　图 8-83　线到线定位

（2）按同样的方法完成 92×90×3 腔体的创建，如图 8-84 所示。

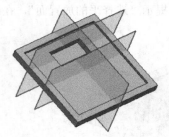

图 8-84　完成腔体的创建　　　　　图 8-85　为第一个边集选择的四条边线串

步骤三：倒圆角

（1）选择【插入】|【细节特征】|【边倒圆】命令，出现【边倒圆】对话框。

① 在【要倒圆的边】组中，激活【选择边】，在图形区为第一个边集选择四条边，在【半径 1】文本框中输入 7，如图 8-85 所示，单击【添加新集】按钮 ，完成【半径 1】边集的添加；

② 在图形区选择其他边，在【半径 2】文本框中输入 5，如图 8-86 所示，单击【添加新集】按钮 ，完成半径 2 边集的添加。

（2）单击【特征操作】工具栏上的【基准平面】按钮 ，出现【基准平面】对话框。

① 从【类型】组中，选择【自动判断】选项；

② 在【要定义平面的对象】组中激活【选择对象】，在图形区选择底面，在【偏置】组中在【距离】文本框中输入 0，如图 8-87 所示，单击【确定】按钮，建立定位基准面 2。

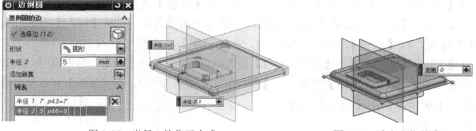

图 8-86　半径 2 边集已完成　　　　　图 8-87　建立定位基准 2

（3）单击【特征】工具栏上的【凸台】按钮，出现【凸台】对话框。

① 在【直径】文本框中输入 14，在【高度】文本框中输入 8；

② 提示行提示"选择平的放置面"，在图形区选择端面为放置面，单击【反侧】按钮，如图 8-88 所示，单击【应用】按钮；

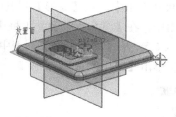

图 8-88　建立凸台

③ 出现【定位】对话框，提示行提示"选择定位方法或为垂线选择目标边/基准"，单击【点到点】按钮，提示行提示"选择目标对象"，在图形区选择端面的边缘，如图 8-89 所示；

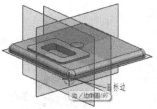

图 8-89　定位

④ 出现【设置圆弧的位置】对话框，提示行提示"选择圆弧上点"，单击【圆弧中心】按钮，如图 8-90 所示。

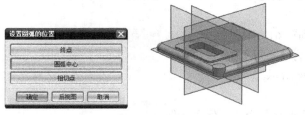

图 8-90　创建凸台

（4）单击【特征】工具栏上的【阵列特征】按钮 ，出现【阵列特征】对话框。

① 在【要形成阵列的特征】组中，激活【选择特征】，在图形区选择凸台；

② 在【阵列定义】组中，从【布局】列表中选择【线性】选项；

③ 在【方向 1】组中，激活【指定矢量】，从图形区指定方向 1，从【间距】列表中选择【数量和节距】选项，在【数量】文本框中输入 2，在【节距】文本框中输入 90；

④ 在【方向 2】组中，选中【使用方向 2】复选框，激活【指定矢量】，从图形区指定方向 2，从【间距】列表中选择【数量和节距】选项，在【数量】文本框中输入 2，在【节距】文本框中输入 92。

如图 8-91 所示，单击【确定】按钮。

步骤四：打孔

（1）单击【特征】工具栏上的【孔】按钮 ，出现【孔】对话框。

① 从【类型】列表中选择【常规孔】选项；

② 在【位置】组中，激活【指定点】，提示行提示"选择要草绘的平面或指定点"，单击【点】按钮 ，在图形区选择四个面的圆心点分别作为四个孔的中心；

③ 在【方向】组中，从【孔方向】列表中选择【垂直于面】选项；

④ 在【形状和尺寸】组中，从【成形】列表中选择【沉头】选项；

⑤ 在【尺寸】组中，在【沉头直径】文本框中输入 10，在【沉头深度】文本框中输入 6，在【直径】文本框中输入 6.5，从【深度限制】列表中选择【贯通体】选项。

如图 8-92 所示，单击【应用】按钮。

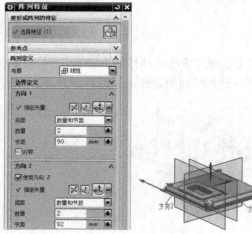
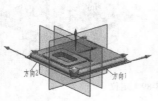

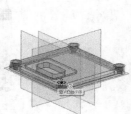

图 8-91　线性阵列　　　　　　　　　　　　　　　图 8-92　打孔 1

（2）按同样的方法，创建 4×M4 螺纹孔，如图 8-93 所示。

步骤五：移动层

（1）将基准面移到第 61 层。

（2）将第 61 层设为【不可见】。

最终效果如图 8-94 所示。

步骤六：保存

选择【文件】|【保存】命令，保存文件。

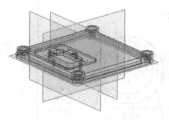
图 8-93　创建 4×M4 螺纹孔

图 8-94　完成建模

8.4.4　总结与拓展——盖类零件的表达分析

盖类零件包括各种垫板、固定板、滑板、连接板、工作台和箱盖等。

1．结构特点

盖类零件的基本形状是高度方向尺寸较小的柱体，其上常有凹坑、凸台、销孔、螺纹孔、螺栓过孔和成形孔等结构。此类零件常由铸造后，经过必要的切削加工而成。

2．表达方法

（1）盖类零件一般选择垂直于较大的一个平面的方向作为主视图的投射方向，零件一般水平放置（即按自然平稳原则放置）。

（2）主视图常用阶梯剖或复合剖的方法画成全剖视图。

（3）除主视图外，常用俯视图或仰视图表示其上的结构分布情况。

（4）未表示清楚的部分，常用局部视图、局部剖视来补充表达。

8.4.5　随堂练习

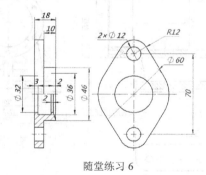
随堂练习 6

8.5　箱体类零件设计

8.5.1　案例介绍及知识要点

设计的铣刀头座体图 8-95 所示，座体大致由安装底板、连接板和支承轴孔组成。

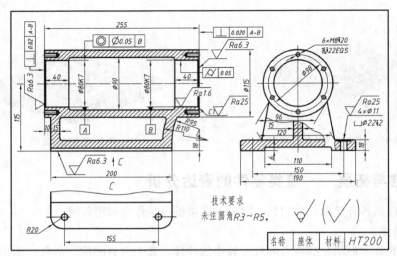

图 8-95　铣刀头座体

知识点

掌握箱体类零件设计的一般方法。

8.5.2　设计理念

铣刀头座体的长度尺寸及基准、宽度尺寸及基准和高度尺寸及基准，如图 8-96 所示。

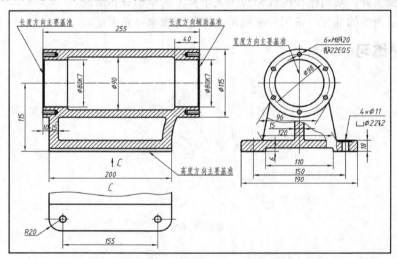

图 8-96　铣刀头座体的长度尺寸及基准、宽度尺寸及基准和高度尺寸及基准

建模步骤如表 8-5 所示。

表 8-5　　　　　　　　　　　　　　　　　建模步骤

步骤一	步骤二	步骤三	步骤四	步骤五

8.5.3 操作步骤

步骤一：新建文件，创建毛坯

（1）新建文件"Base"。

（2）选择【插入】|【设计特征】|【块】命令，出现【块】对话框。在【尺寸】组中，在【长度】文本框中输入190，在【宽度】文本框中输入200，在【高度】文本框中输入18，如图8-97所示，单击【确定】按钮，创建长方体。

（3）单击【特征操作】工具栏上的【基准平面】按钮，出现【基准平面】对话框。

① 从【类型】列表中选择【自动判断】选项；

② 在【要定义平面的对象】组中激活【选择对象】，在图形区选择两个面，如图8-98所示，单击【应用】按钮，创建二等分基准面；

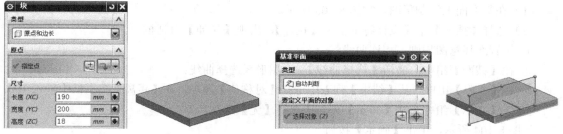

图 8-97　创建基体　　　　　　　　　　　　图 8-98　二等分基准面

③ 在【要定义平面的对象】组中激活【选择对象】，在图形区选择端面，在【偏置】组中，在【距离】文本框中输入10，如图8-99所示，单击【应用】按钮，建立定位基准面1；

④ 在【要定义平面的对象】组中激活【选择对象】，在图形区选择底面，在【偏置】组中，在【距离】文本框中输入155，如图8-100所示，单击【应用】按钮，建立定位基准面2。

图 8-99　定位基准面1　　　　　　　　　　图 8-100　定位基准面2

（4）在基准面上绘制草图，如图8-101所示。

（5）选择【插入】|【设计特征】|【拉伸】，出现【拉伸】对话框。

① 设置选择意图规则：相连曲线；

② 在【截面】组中，激活【选择曲线】，在图形区选择曲线；

③ 在【极限】组中，从【结束】列表中选择【值】选项，在【距离】文本框中输入255；

④ 在【布尔】组中，从【布尔】列表中选择【无】选项。

如图8-102所示，单击【确定】按钮。

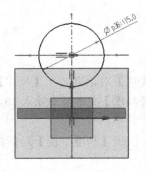

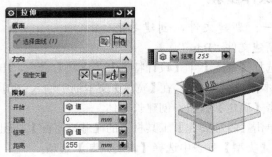

图 8-101　绘制草图　　　　　　　　　图 8-102　建立拉伸体

步骤二：创建连接筋板

（1）在基准面上绘制草图，如图 8-103 所示。

（2）选择【插入】|【设计特征】|【拉伸】，出现【拉伸】对话框。

① 设置选择意图规则：相连曲线；

② 在【截面】组中，激活【选择曲线】，在图形区选择曲线；

③ 在【极限】组中，从【结束】列表中选择【对称值】选项，在【距离】文本框中输入 100；

④ 在【布尔】组中，从【布尔】列表中选择【无】选项。

如图 8-104 所示，单击【确定】按钮。

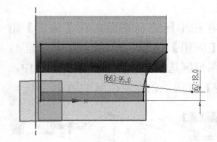

图 8-103　绘制草图　　　　　　　　　图 8-104　建立筋板拉伸体 1

（3）在前端面上绘制草图，如图 8-105 所示。

（4）选择【插入】|【设计特征】|【拉伸】，出现【拉伸】对话框。

① 设置选择意图规则：相连曲线；

② 在【截面】组中，激活【选择曲线】，在图形区选择曲线；

③ 在【限制】组中，从【结束】列表中选择【对称值】选项，在【距离】文本框中输入 250；

④ 在【布尔】组中，从【布尔】列表中选择【无】选项，如图 8-106 所示，单击【确定】按钮。

（5）选择【插入】|【组合体】|【求交】命令，出现【求和】对话框。

① 在【目标】组中，激活【选择体】，在图形区选择连接体；

② 在【工具】组中，激活【选择体】，在图形区选择筋板拉伸体 1 和筋板拉伸体 2。

如图 8-107 所示，单击【确定】按钮，完成求交的操作。

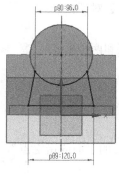

图 8-105 绘制草图

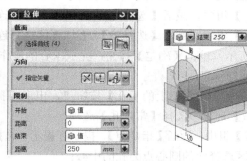

图 8-106 建立筋板拉伸体 2

（6）在基准面上绘制草图，如图 8-108 所示。

图 8-107 建立连接筋板毛坯

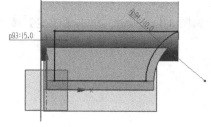

图 8-108 绘制草图

（7）选择【插入】｜【设计特征】｜【拉伸】，出现【拉伸】对话框。

① 设置选择意图规则：相连曲线；

② 在【截面】组中，激活【选择曲线】，在图形区选择曲线；

③ 在【限制】组中，从【开始】列表中选择【值】选项，在【距离】文本框中输入 7.5，从【结束】列表中选择【贯通】选项；

④ 在【布尔】组中，从【布尔】列表中选择【求差】选项。

如图 8-109 所示，单击【确定】按钮。按同样的方法完成另一端的拉伸操作。

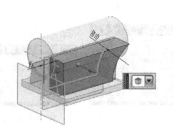

图 8-109 切除减重

（8）选择【插入】|【组合体】|【求和】命令，出现【求和】对话框。

① 在【目标】组中，激活【选择体】，在图形区选择连接体；

② 在【工具】组中，激活【选择体】，在图形区选择连接筋板和两个毛坯。

如图 8-110 所示，单击【确定】按钮，完成求合的操作。

步骤三：打轴承孔

（1）单击【特征】工具栏上的【孔】按钮，出现【孔】对话框。

① 从【类型】列表中选择【常规孔】选项；

② 在【位置】组中，激活【指定点】，提示行提示"选择要草绘的平面或指定点"，单击【点】按钮，在图形区选择面的圆心点为孔的中心；

③ 在【方向】组中，从【孔方向】列表中选择【垂直于面】选项；

④ 在【形状和尺寸】组中，从【成形】列表中选择【简单】选项；

⑤ 在【尺寸】组中，在【直径】文本框中输入 80，从【深度限制】列表中选择【贯通体】选项。

如图 8-111 所示，单击【确定】按钮。

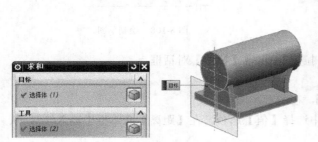

图 8-110　完成毛坯　　　　　　　　　　　　　图 8-111　打轴承孔

（2）将模型切换成静态线框形式，单击【特征】工具栏上的【沟槽】按钮，出现【槽】对话框。

① 单击【矩形】按钮，出现【矩形槽】对话框，提示行提示"选择放置面"，在图形区选择放置面，如图 8-112 所示；

图 8-112　选择放置面

② 出现【矩形槽】对话框，在【槽直径】文本框中输入 90，在【宽度】文本框中输入 255-80，

如图 8-113 所示，单击【确定】按钮；

③ 出现【定位槽】对话框，提示行提示"选择目标边或'确定'接受初始位置"，在图形区选择端面的边缘，提示行提示"选择刀具边"，在图形区选择槽的边缘，如图 8-114 所示；

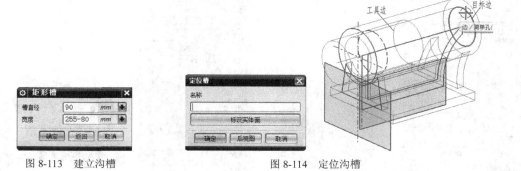

图 8-113　建立沟槽　　　　　　图 8-114　定位沟槽

④ 出现【创建表达式】对话框，在文本框中输入 40，如图 8-115 所示，单击【确定】按钮。

步骤四：创建安装孔

（1）单击【特征】工具栏上的【孔】按钮，出现【孔】对话框。

① 从【类型】列表中选择【常规孔】选项；

② 在【位置】组中，激活【指定点】，提示行提示"选择要草绘的平面或指定点"，单击【绘制草图】按钮，在图形区选择底面绘制圆心点草图，如图 8-116 所示；

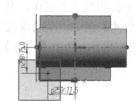

图 8-115　定位沟槽　　　　　　图 8-116　绘制圆心点草图

③ 退出草图，在【方向】组中，从【孔方向】列表中选择【垂直于面】选项；

④ 在【形状和尺寸】组中，从【成形】列表中选择【沉头】选项；

⑤ 在【尺寸】组中，在【沉头直径】文本框中输入 22，在【沉头深度】文本框中输入 2，在【直径】文本框中输入 11，从【深度限制】列表中选择【贯通体】选项。

如图 8-117 所示，单击【确定】按钮。

（2）单击【特征】工具栏上的【阵列特征】按钮，出现【阵列特征】对话框。

① 在【要形成阵列的特征】组中，激活【选择特征】，在图形区选择凸台；

② 在【阵列定义】组中，从【布局】列表中选择【线性】选项；

③ 在【方向 1】组中，激活【指定矢量】，从图形区指定方向 1，从【间距】列表中选择【数量和节距】选项，在【数量】文本框中输入 2，在【节距】文本框中输入 155；

④ 在【方向 2】组中，选中【使用方向 2】复选框，激活【指定矢量】，从图形区域指定方向 2，从【间距】列表中选择【数量和节距】选项，在【数量】文本框中输入 2，在【节距】文本框中输入 150。

如图 8-118 所示，单击【确定】按钮。

图 8-117 地脚孔

图 8-118 阵列地脚孔

（3）单击【特征】工具栏上的【孔】按钮，出现【孔】对话框。

① 从【类型】列表中选择【螺纹孔】选项；

② 在【位置】组中，激活【指定点】，提示行提示"选择要草绘的平面或指定点"，单击【绘制草图】按钮，在图形区选择底面绘制圆心点草图，如图 8-119 所示；

③ 退出草图，在【方向】组中，从【孔方向】列表中选择【垂直于面】选项；

④ 在【形状和尺寸】组中，从【大小】列表中选择【M8×1.25】选项；

⑤ 在【尺寸】组中，从【深度限制】列表中选择【值】选项，在【深度】文本框中输入 20。如图 8-120 所示，单击【确定】按钮。

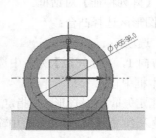

图 8-119 在图形区选择底面绘制圆心点草图

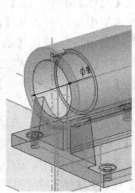

图 8-120 端盖孔

（4）选择【插入】|【关联复制】|【阵列特征】命令，出现【阵列特征】对话框。

① 在【要形成阵列的特征】组中，激活【选择特征】，在图形区选择孔；

② 在【阵列定义】组中，从【布局】列表中选择【圆形】选项；

③ 在【边界定义】组中，激活【指定矢量】，在图形区设置方向，激活【指定点】，在图形区选择圆心；

④ 在【角度方向】组中，从【间距】列表中选择【数量量和节距】选项，在【间距】文本框中输入 6，在【节距角】文本框中输入 60。

如图 8-121 所示，单击【确定】按钮。

（5）选择【插入】|【关联复制】|【镜像特征】命令，出现【镜像特征】对话框。

① 在【要镜像的特征】组中激活【选择特征】，在图形区选择端盖孔；

② 在【镜像平面】组中，从【平面】列表中选择【新平面】选项，在图形区选择两端面建立镜像面。

如图 8-122 所示，单击【确定】按钮，建立镜像特征。

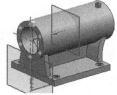

图 8-121　阵列端盖孔　　　　　　　　　　　　　　　图 8-122　镜像

步骤五：倒圆角

选择【插入】|【细节特征】|【边倒圆】命令，出现【边倒圆】对话框。在【要倒圆的边】组中，激活【选择边】，在图形区选择要倒角的边，在【半径 1】文本框中输入 20，如图 8-123 所示，单击【确定】按钮。

步骤六：移动层

（1）将基准面移到第 61 层。

（2）将草图移到第 21 层。

（3）将第 61 层和第 21 层设为【不可见】。

最终效果如图 8-124 所示。

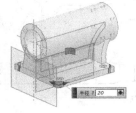

图 8-123　倒圆角　　　　　　　　　　　　　　　图 8-124　完成箱体

步骤七：保存

选择【文件】|【保存】命令，保存文件。

8.5.4　总结与拓展——箱壳类零件

箱壳类零件包括箱体、外壳、座体等。

1．结构特点

箱壳类零件是机器或部件上的主体零件之一，其结构形状往往比较复杂。

2．表达方法

（1）通常以最能反映其形状特征及结构间相对位置的一面作为主视图的投射方向。以自然安放位置或工作位置作为主视图的摆放位置（即零件的摆放位置）。

（2）一般需要两个或两个以上的基本视图才能将其主要结构形状表示清楚。

（3）一般要根据具体零件选择合适的视图、剖视图、断面图来表达其复杂的内外结构。

（4）往往还需局部视图或局部剖视或局部放大图来表达尚未表达清楚的局部结构。

8.5.5　随堂练习

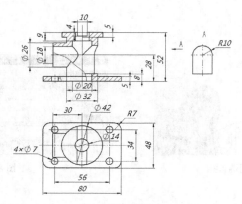

随堂练习 7

8.6　上机练习

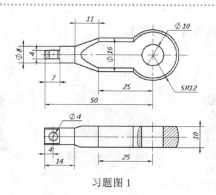

习题图 1

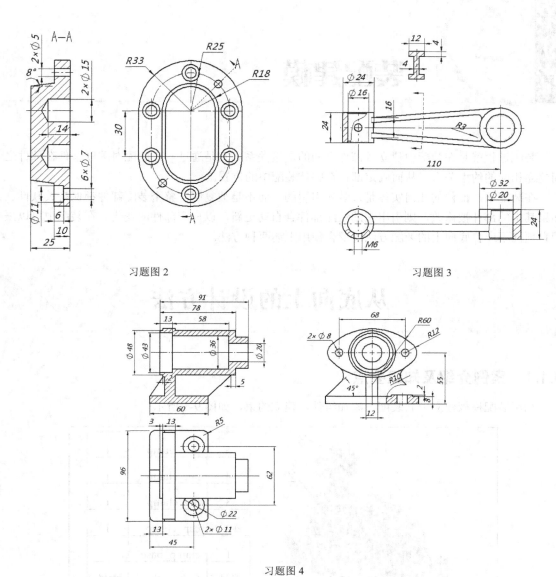

习题图 2

习题图 3

习题图 4

第9章 装配建模

装配过程就是在装配中建立各部件之间的链接关系。它是通过一定的配对关联条件在部件之间建立相应的约束关系，从而确定部件在整体装配中的位置。

在装配中，部件的几何实体是被装配引用的，而不是被复制，整个装配部件都保持关联性。如果其中的部件被修改，则引用它的装配部件会自动更新，以反应部件的变化。在装配中可以采用自顶向下或自底向上的装配方法或混合使用上述两种方法。

9.1 从底向上的设计方法

9.1.1 案例介绍及知识要点

利用装配模板建立一新装配，添加组件，建立约束，如图 9-1 所示。

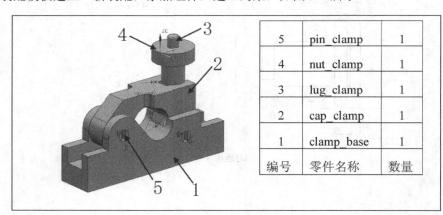

5	pin_clamp	1
4	nut_clamp	1
3	lug_clamp	1
2	cap_clamp	1
1	clamp_base	1
编号	零件名称	数量

图 9-1　从底向上设计的装配组件

知识点

（1）引用集的概念；

（2）创建引用集和应用引用集的方法；

（3）装配术语；

（4）从底向上设计的方法；

（5）建立爆炸视图的方法；

（6）移动组件的方法。

9.1.2 操作步骤

步骤一：装配前准备——建立引用集

（1）打开文件"Clamp_Base"。

（2）创建新的引用集。

选择【格式】|【引用集】命令，出现【引用集】对话框。

① 单击【创建引用集】按钮 ，在【引用集名称】文本框中输入 ASM；

② 激活【选择对象】，在图形区选择基体和基准面，如图 9-2 所示。

图 9-2 【引用集】对话框

（3）按上述方法分别建立其他零件的引用集。

步骤二：新建文件

新建装配文件"Clamp_assembly.prt"。

步骤三：添加第一个组件"Clamp_Base"

（1）单击【装配】工具栏上的【添加组件】按钮 ，出现【添加组件】对话框。

① 在【部件】组中，单击【打开】按钮 ，在出现的对话框中选择【Clamp_Base】，单击【OK】按钮；

② 在【放置】组中，从【定位】列表中选择【绝对原点】选项；

③ 在【设置】组中，从【引用集】列表中选择【ASM】选项；

④ 从【图层选项】列表中选择【工作的】选项。

如图 9-3 所示，单击【确定】按钮。

（2）单击【装配】工具栏中的【装配约束】按钮 ，出现【装配约束】对话框。从【类型】列表中选择【固定】选项，在【要约束的几何体】组中激活【选择对象】，在图形区选择 Clamp_Base，如图 9-4 所示，单击【确定】按钮。

步骤四：添加第二个组件"cap_Clamp"

（1）单击【装配】工具栏中的【添加组件】按钮 ，出现【添加组件】对话框。

① 单击【打开】按钮 ，在出现的对话框中选择 cap_Clamp，单击【OK】按钮；

② 在【放置】组中，从【定位】列表中选择【通过约束】选项；

③ 在【设置】组中，从【引用集】列表中选择【ASM】选项；

④ 从【图层选项】列表中选择【工作的】选项。

如图 9-5 所示，单击【应用】按钮。

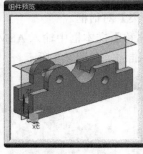

图 9-3　添加第一个组件

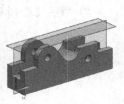

图 9-4　【固定】约束"Clamp_Base"

图 9-5　添加第二个组件

（2）出现【装配约束】对话框，进行如下设置。

① 从【类型】列表中选择【接触对齐】选项；

② 在【要约束的几何体】组中，从【方位】列表中选择【自动判断中心/轴】选项；

③ 激活【选择两个对象】，在图形区选择 cap_Clamp 和 Clamp_Base 的安装孔，如图 9-6 所示，单击【应用】按钮；

④ 从【类型】列表中选择【接触对齐】选项；

⑤ 在【要约束的几何体】组中，从【方位】列表中选择【首选接触】选项；

⑥ 激活【选择两个对象】，在图形区选择 cap_Clamp 和 Clamp_Base"的对齐面，如图 9-7 所示，单击【应用】按钮；

⑦ 从【类型】列表中选择【角度】选项；

⑧ 在【要约束的几何体】组中，从【子类型】列表中选择【3D 角】选项；

⑨ 激活【选择两个对象】，在图形区选择 cap_Clamp 和 Clamp_Base 的成角度面；

⑩ 在【角度】组中，在【角度】文本框中输入 180，如图 9-8 所示，单击【确定】按钮。

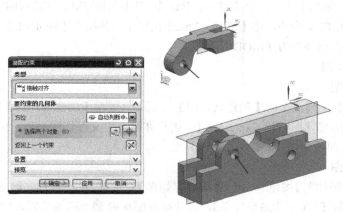

图 9-6　添加【自动判断中心/轴】约束

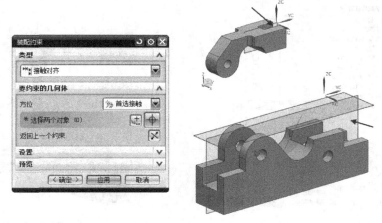

图 9-7　添加【对齐】约束

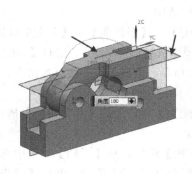

图 9-8　添加【角度】约束

步骤五：添加其他组件

按上述方法添加 "lug_clamp"、"nut_clamp" 和 "pin_clamp"，完成约束。

步骤六：替换引用集

（1）在【装配导航器】中，选择【Clamp_Base】，单击鼠标右键，在出现的快捷菜单中选择【替换引用集】|【MODEL】命令，将【Clamp_Base】的引用集替换为【MODEL】，如图 9-9 所示。

（2）将其他零件都替换为【MODEL】。

步骤七：爆炸图

（1）创建爆炸图。

单击【爆炸图】工具栏上的【创建爆炸图】按钮，出现【创建爆炸图】对话框。在【名称】文本框中使用默认的爆炸图名称 Explosion 1，用户亦可自定义爆炸图名称，单击【确定】按钮，爆炸图 Explosion 1 即被创建。

（2）编辑爆炸图。

① 单击【编辑爆炸图】按钮，出现【编辑爆炸图】对话框。单击鼠标左键选择组件 nut_clamp，单击鼠标中键，出现【WCS 动态坐标系】，拖动原点图标到合适的位置，如图 9-10 所示，单击【确定】按钮；

图 9-9　"Clamp_Base"的引用集替换为"MODEL"

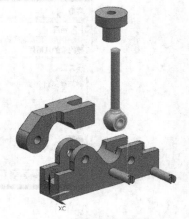

拖动坐标原点

图 9-10　编辑爆炸视图步骤 1

② 重复操作编辑爆炸图的步骤，完成爆炸图的创建，如图 9-11 所示。

（3）隐藏爆炸图。

选择【装配】|【爆炸图】|【隐藏爆炸图】命令，则爆炸效果不显示，模型恢复到装配模式。选择【装配】|【爆炸图】|【显示爆炸图】命令，则显示组件的爆炸状态。

步骤八：移动组件

单击【装配】工具栏上的【移动组件】按钮，出现【移动组件】对话框。

① 在【变换】组中，从【运动】列表中选择【动态】选项；

② 在【要移动的组件】组中，激活【选择组件】，在图形区选择要移动的组件；

③ 在【复制】组中，从【模式】列表中选择【不复制】选项；

④ 在【碰撞检测】组中，从【碰撞动作】列表中选择【在碰撞前停住】选项，在图形区拖动手柄，将组件移到新的位置，进行碰撞检测，如图 9-12 所示。

图 9-11　编辑爆炸视图步骤 2

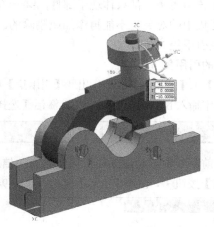

图 9-12   移动组件进行碰撞检测

步骤九：保存

选择【文件】|【保存】命令，保存文件。

9.1.3 步骤点评

1．对于步骤一：关于引用集

所谓引用集，是用户在零部件中定义的部分几何对象，这部分对象就是要载入的对象。引用集可包含的对象有：零部件的名称、原点、方向、几何实体、坐标系、基准平面、基准轴、图案对象和属性等。引用集本质上是一组命名的对象，当生成了引用集后，就可以单独装配到组件中。每个零部件可以有多个引用集，不同部件的引用集可以有相同的名称。

2．对于步骤三：关于自底向上的装配方法

选择【装配】|【组件】|【添加组件】命令，出现【添加组件】对话框。通过该对话框可以向装配环境中引入一个部件作为装配组件，该种创建装配模型的方法即是前面所说的自底向上的方法。

3．对于步骤三：关于组件在装配中的定位方式

组件在装配中的定位方式主要包括绝对定位和配对约束两种。

绝对定位是以坐标系作为定位参考，一般用于第一个组件的定位。

> 提示：添加的第一个组件作为固定部件，需要添加【固定】约束。

配对约束可以建立装配中各组件之间的参数化的相对位置和方位的关系，这种关系被称为配对条件，一般用于后续组件的定位。

9.1.4 总结与拓展——引用集的概念

在系统默认状态下，每个零部件都有两个引用集。

（1）Empty：空集。该引用集是空的引用集，是不包含任何几何数据的引用集。如果是空引用集形式添加到装配中，在装配中不会显示该部件。在装配中，对某些不需要显示的装配组件使用空引用集，可以提高效率。

（2）EntirePart：完整部件。该引用集表示整个几何部件，包含该引用部件的所有几何数据。在装配中添加组件时，如果没有选择其他引用集，则默认采用该引用集。通常，其他引用集的对象信息都会少于该引用集，都只体现了部件的某一方面的信息。

这两个引用集中的对象是不能再添加或删除的。另外，如果部件中已经包含了实体，则系统会自动生成模型引用集 Model。

1．创建新的引用集

选择【格式】|【引用集】命令，出现【引用集】对话框。单击【创建引用集】按钮，在【引用集名称】文本框中输入 NEWREFERENCE，激活【选择对象】，在图形区选择模型，如图 9-13 所示。

> 提示：引用集名称的长度不超过 30 个字符。

2．查看当前部件中已经建立的引用集的有关信息

单击【信息】按钮，出现【信息】窗口，如图 9-14 所示，该窗口中列出了引用集的相关信息。

图 9-13　【引用集】对话框　　　　　　　　图 9-14【信息】窗口

3．删除引用集

在引用集列表框中选中要删除的引用集，单击【删除】按钮即可。

4．编辑引用集属性

在引用集列表框中选择进行编辑的的引用集，单击【编辑属性】按钮，出现【引用集属性】对话框，如图 9-15 所示。在该对话框中可进行属性名称和属性值的设置。

5．引用集的使用

在建立装配时，添加已存在的组件时，会有【引用集】下拉列表选项，如图 9-16 所示，用户所建立的引用集与系统默认的引用集都在此列表中出现，用户可根据需要选择引用集。

6．替换引用集

（1）在【装配导航器】中，还可以在不同的引用集之间进行切换，在选定的组件部件上，单击鼠标右键，从出现的快捷菜单中选择【替换引用集】命令，如图 9-17 所示。

图 9-15 【引用集属性】对话框

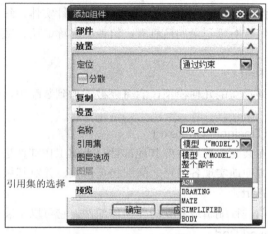

图 9-16 添加已存组件

（2）替换引用集的前后效果对比如图 9-18 所示。

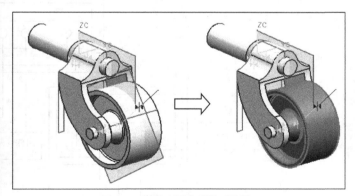

图 9-17 替换引用集

图 9-18 替换引用集的前后效果

9.1.5 总结与拓展——装配术语

装配引入了一些新术语，其中部分术语的定义如下。

1．装配（Assembly）

一个装配是多个零部件或子装配的指针实体的集合。任何一个装配都是一个包含组件对象的 .prt 文件。

2．组件部件（Component Part）

组件部件是装配中的组件对象所指的部件文件，它可以是单个部件也可以是一个由其他组件组成的子装配。在任何一个部件文件中都可以添加其他部件而成为装配体，需要注意的是，组件部件是被装配件引用的，并没有被复制，实际的几何体是存储在组件部件中的。

3．子装配（Subassembly）

子装配本身也是装配件，子装配拥有相应的组件部件，而在高一级的装配中被用作组件。子装配是一个相对的概念，任何一个装配部件都可在更高级的装配中被用作子装配。

4．组件对象（Component Obiect）

组件对象是一个从装配件或子装配件链接到主模型的指针实体。每个装配件和子装配件都含有若干个组件对象。这些组件对象记录的信息有：组件的名称、层、颜色、线型、线宽、引用集和配对条件等。

5．单个零件（Piece Part）

单个零件就是在装配外存在的几何模型，它可以被添加到装配中，但单个零件本身不能成为装配件，不能含有下级组件。

6．装配上下文设计（Designin Context）

装配上下文设计是指在装配中通过参照其他部件对当前工作部件进行设计。用户在没有离开装配模型的情况下，可以方便地实现各组件之间的相互切换，并对其做出相应的修改和编辑。

7．工作部件（Work Part）

工件部件是指用户当前进行编辑或建立的几何体部件。它可以是装配件中的任一组件部件。

8．显示部件（Displayed Part）

显示部件是指当前在图形区显示的部件。当显示部件为一个零件时，总是与工作部件相同。

装配、子装配、组件对象及组件之间的相互关系如图 9-19 所示。

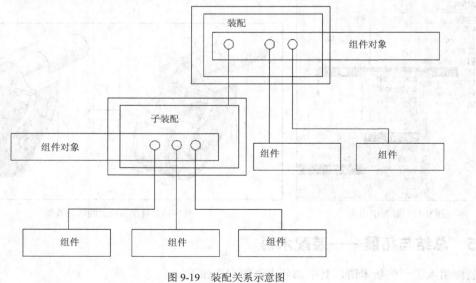

图 9-19　装配关系示意图

9.1.6　在装配中定位组件

利用装配约束可以在装配中定位组件。

选择【装配】|【组件】|【装配约束】命令，或单击【装配】工具栏上的【装配约束】按钮，出现【装配约束】对话框。该对话框中的各类型选项含义如下。

1. 接触对齐

接触对齐约束用于约束两个组件，使其彼此接触或对齐，这是最常用的约束。

【接触对齐】是指约束两个面接触或彼此对齐，其具体子类型又包括【首选接触】、【接触】、【对齐】和【自动判断中心/轴】。

（1）【接触】类型的含义：两个面重合且法线方向相反，如图 9-20 所示。

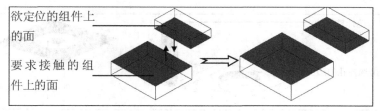

图 9-20　接触约束

（2）【对齐】类型的含义：两个面重合且法线方向相同，如图 9-21 所示。

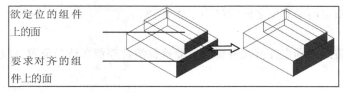

图 9-21　对齐约束

另外，【接触对齐】还用于约束两个柱面（或锥面）轴线对齐。具体操作方法为：依次单击选择两个柱面（或锥面）的轴线，如图 9-22 所示。

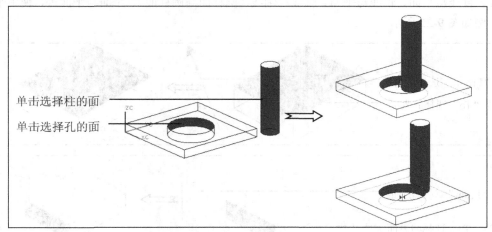

图 9-22　约束轴线对齐

（3）【自动判断中心/轴】类型的含义：指定在选择圆柱面或圆锥面时，NX 将使用面的中心或轴而不是面本身作为约束，如图 9-23 所示。

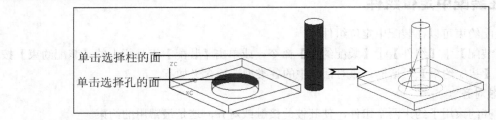

图 9-23 自动判断中心/轴

2. 同心◎

同心约束用于约束两个组件的圆形边界或椭圆边界，以使中心重合，并使边界的面共面，如图 9-24 所示。

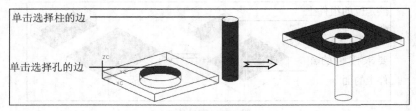

图 9-24 同心

3. 距离

距离约束用于指定两个对象之间的最小 3D 距离。

4. 固定

固定约束用于将组件固定在其当前位置。要确保组件停留在适当位置且根据其约束其他组件时，此约束很有用。

5. 平行

平行约束用于定义两个对象的方向矢量为互相平行。

平行约束用于使两个欲配对对象的方向矢量相互平行。可以平行配对操作的对象组合有直线与直线、直线与平面、轴线与平面、轴线与轴线（圆柱面与圆柱面）、平面与平面等，使用平行约束的实例如图 9-25 所示。

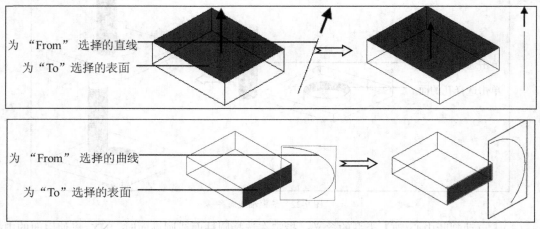

图 9-25 使用平行约束的实例

6. 垂直

垂直约束用于定义两个对象的方向矢量为互相垂直。

7. 角度

角度约束用于定义两个对象之间的角度尺寸，如图 9-26 所示。

8. 中心

【中心】类型用于约束一个对象位于另两个对象的中心，或使两个对象的中心对准另两个对象的中心，【中心】类型包括三种子类型：【1 对 2】、【2 对 1】和【2 对 2】。

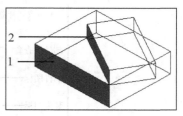

图 9-26　角度约束

（1）【1 对 2】：用于约束一个对象定位到另两个对象的对称中心上。如图 9-27 所示，欲将圆柱定位到槽的中心，可以依次单击选择柱面的轴线、槽的两侧面，以实现 1 对 2 的中心约束。

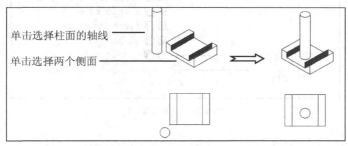

图 9-27　【1 对 2】中心约束

（2）【2 对 1】：用于约束两个对象的中心对准另一个对象，与【1 对 2】的用法类似，所不同的是，单击选择对象的次序为先单击选择需要对准中心的两个对象，再单击选择另一个对象。

（3）【2 对 2】：用于约束两个对象的中心对准另两个对象的中心。如图 9-28 所示，欲将块的中心对准槽的中心，可以依次单击选择块的两侧面和槽的两侧面，以实现 2 对 2 的中心约束。

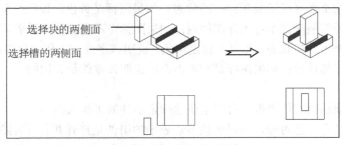

图 9-28　【2 对 2】中心约束

9. 胶合

【胶合】类型一般用于焊接件之间，胶合在一起的组件可以作为一个整体移动。

10. 拟合

【拟合】类型用于约束两个具有相等半径的圆柱面合在一起，比如约束定位销或螺钉到孔中。需要注意的是，如果之后半径变成不相等，那么此约束将失效。

9.1.7　装配导航器（Assemblies Navigtor）

装配导航器在资源窗口中以"树"形方式清楚地显示各部件的装配结构，也称之为"树　形目录"。单击 UG 图形区左侧的图标 ![icon]，即可进入装配导航器，如图 9-29 所示。利用装配导航器，可以快速地选择组件并对组件进行操作，如工作部件、显示部件的切换、组件的隐藏与打开等。

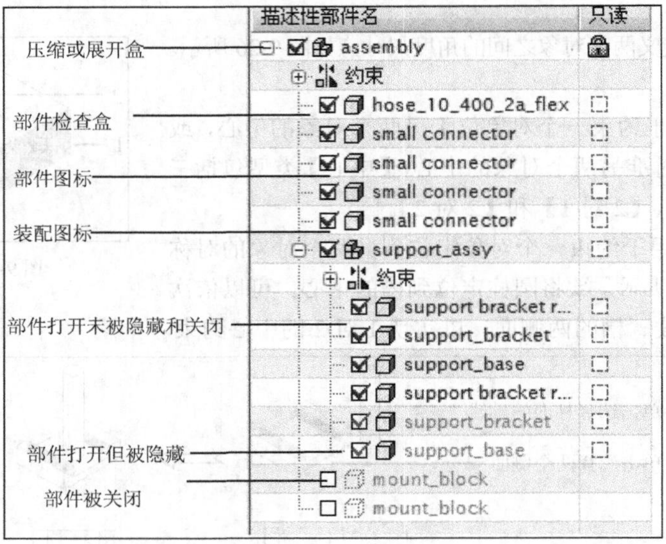

图 9-29　装配导航器

1．节点显示

在装配导航器中，每个部件显示为一个节点。节点能够清楚地表达装配关系，可以快速与方便地对装配中的组件进行选择和操作。

每个节点包括图标、部件名称、检查盒等组件。如果部件是装配件或子装配件，前面还会有压缩/展开盒，"+"号表示压缩，"−"号表示展开。

2．装配导航器图标

图标表示装配部件（或子装配件）的状态。如果图标是黄色，说明装配件在工作部件内；如果图标是灰色，说明装配件不在工作部件内；如果图标是灰色虚框，说明装配件是关闭的。

图标表示单个零件的状态。如果图标是黄色，说明该零件在工作部件内；如果图标是灰色，说明该零件不在工作部件内；如果图标是灰色虚框，说明该零件是关闭的。

3．检查盒

每个载入部件前都会有检查框，可用来快速确定部件的工作状态。

如果是 ☑，即带有红色对号，则说明该节点表示的组件是打开并且没有隐藏和关闭的。如果单击检查框，则会隐藏该组件以及该组件带有的所有子节点，同时检查框都变成灰色。

如果是 ☑，即带有灰色对号，则说明该节点表示的组件是打开但已经隐藏。

如果是 □，即不带有对号，则说明该节点表示的组件是关闭的。

4．替换快捷菜单

如果将鼠标移动到一个节点或者选择多个节点时，单击鼠标右键，会出现快捷菜单，菜单的形式与选定的节点类型有关。

9.1.8　随堂练习

（1）完成底板，C 型板的建模。

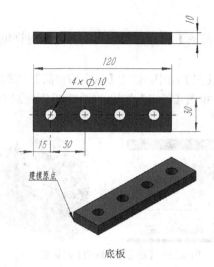

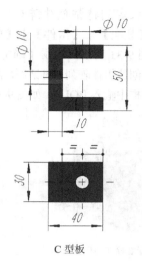

底板

C型板

（2）完成装配。

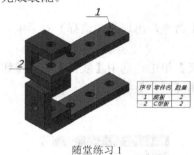

序号	零件名	数量
1	底板	2
2	C型板	2

随堂练习1

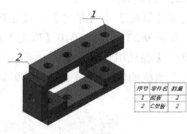

序号	零件名	数量
1	底板	2
2	C型板	2

随堂练习2

9.2 创建组件阵列

9.2.1 案例介绍及知识要点

根据法兰上孔的阵列特征创建螺栓的组件阵列，如图9-30所示。

知识点

（1）从实例特征创建阵列的方法；

（2）创建线性阵列的方法；

（3）创建圆周阵列的方法；

（4）镜像的方法。

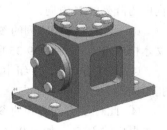

图9-30 创建组件阵列

9.2.2 操作步骤

步骤一：打开文件

打开文件"\Assm_array\array_Assembly.prt"。

步骤二：从实例特征创建阵列

（1）选择【装配】|【组件】|【创建组件阵列】命令，出现【类选择】对话框。在图形区选择螺栓，如图 9-31 所示，单击【确定】按钮。

（2）出现【创建组件阵列】对话框，在【阵列定义】组中，选中【从实例特征】单选按钮，在【组件阵列名】文本框中输入 BOLT，如图 9-32 所示，单击【确定】按钮，完成实例特征阵列的创建。

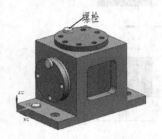

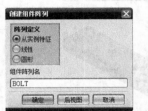

图 9-31　选择螺栓作为模板组件　　　　　图 9-32　【创建组件阵列】对话框

步骤三：创建线性阵列

（1）选择【装配】|【组件】|【创建组件阵列】命令，出现【类选择】对话框。在图形区选择螺栓，如图 9-33 所示，单击【确定】按钮。

（2）出现【创建组件阵列】对话框，在【阵列定义】组中，选中【线性】单选按钮，在【组件阵列名】文本框中输入 BOLT，如图 9-34 所示，单击【确定】按钮。

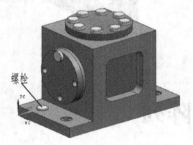

图 9-33　选择螺栓作为阵列源　　　　　图 9-34　【创建组件阵列】对话框

（3）在出现的【创建线性阵列】对话框中进行如下设置。

① 在【方向定义】组中，选中【面的法向】单选按钮，在图形区选择基座的右端面，该面法向即为阵列的 X 方向；

② 此时 X 方向阵列的参数设置文本框被激活，在【总数-XC】文本框中输入 1，在【偏置-XC】文本框中输入 0，如图 9-35 所示；

③ 在【方向定义】组中，选中【边】单选按钮，在图形区选择基座右端面的一条边，该边所指方向即为阵列的 Y 方向；

④ 此时 Y 方向阵列的参数设置文本框被激活，在【总数-YC】文本框中输入 2，在【偏置-YC】文本框中输入-56，如图 9-36 所示，单击【确定】按钮，完成组件线性阵列的创建。

步骤四：创建圆周阵列

（1）选择【装配】|【组件】|【创建阵列】命令，出现【类选择】对话框。在图形区选择螺栓，如图 9-37 所示，单击【确定】按钮。

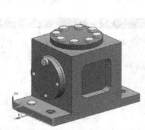

图 9-35 选择右侧端面的法向方向作为 X 轴方向

图 9-36 选择右侧端面的边线作为 Y 轴方向

（2）出现【创建组件阵列】对话框，在【阵列定义】组中，选中【圆形】单选按钮，在【组件阵列名】文本框中输入 BOLT，如图 9-38 所示，单击【确定】按钮。

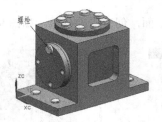

图 9-37 选择螺栓作为阵列源　　　　　　图 9-38 【创建组件阵列】对话框

（3）出现【创建圆形阵列】对话框，在【轴定义】组中，选中【圆柱面】单选按钮，在图形区选择盖板的圆柱面，圆周阵列的参数设置文本框被激活，在【总数】文本框中输入 4，在【角度】文本框中输入 90，如图 9-39 所示，单击【确定】按钮，完成组件圆周阵列的创建。

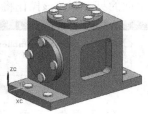

图 9-39 圆周阵列的参数设置

步骤五：镜像装配

（1）选择【装配】|【组件】|【镜像装配】命令，出现【镜像装配向导】对话框，如图 9-40所示。

图 9-40 【镜像装配向导】对话框

（2）单击【下一步】按钮，进入选择镜像组件向导，选择要镜像的组件 cover_3，如图 9-41 所示。

图 9-41 选择镜像组件向导

（3）单击【下一步】按钮，进入选择镜像基准面向导，单击【创建基准平面】按钮，如图 9-42 所示。

（4）出现【基准平面】对话框，在图形区选择两个平面，创建二等分面，如图 9-43 所示。

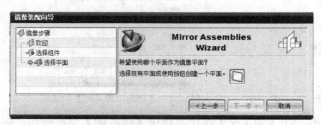 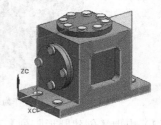

图 9-42 选择镜像基准面向导　　　　　　　图 9-43 创建的二等分面

（5）单击【下一步】按钮，进入选择镜像类型向导，默认的设置为"指派重定位操作"，其选定组件的副本均置于平面的另一侧，该操作将不创建任何新组件，如图 9-44 所示。

 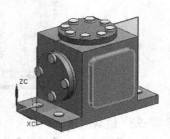

图 9-44 选择镜像类型向导

（6）单击【下一步】按钮，进入查看镜像，查看定位效果，如图 9-45 所示。

图 9-45 查看定位效果

（7）单击【完成】按钮，完成创建镜像组件的操作，并关闭【镜像装配向导】对话框。

步骤六：保存

选择【文件】｜【保存】命令，保存文件。

9.2.3 步骤点评

1．对于步骤三：关于线性阵列的方向

【从实例阵列】主要用于添加螺钉、螺栓以及垫片等组件到孔特征。创建的条件为：

（1）添加第一个组件时，定位条件必须选择【通过约束】；

（2）孔特征中除源孔特征外，其余孔必须是使用【阵列】命令创建的。

在此例中，第一个螺栓作为模板组件，阵列出的螺栓共享模板螺栓的配合属性。

2．对于步骤三：关于定义阵列方向

定义阵列方向有以下四种方式。

（1）面的法向。

使用所需放置面垂直的面来定义 X 和 Y 参考方向，如图 9-46 所示，在图形区选择两个法向面来创建线性阵列组件。

图 9-46　选择法向面设置阵列

（2）基准平面法向。

使用与所需放置面垂直的基准平面来定义 X 和 Y 参考方向，如图 9-47 所示，选择两个方向的基准面来创建线性阵列组件。

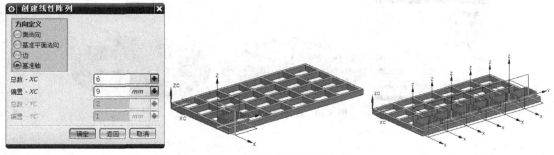

图 9-47　选择基准面设置阵列

（3）边。

使用与所需放置面共面的边来定义 X 和 Y 参考方向，如图 9-48 所示，选择一条边缘线来创建线性阵列组件。

图 9-48　选择边缘线设置阵列

（4）基准轴。

使用与所需放置面共面的基准轴来定义 X 和 Y 参考方向，如图 9-49 所示，选择两个方向的基准轴线来创建线性阵列组件。

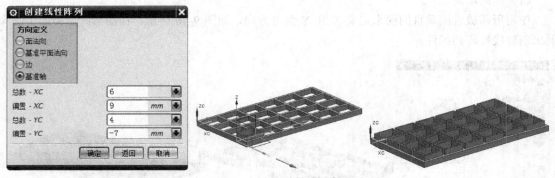

图 9-49　选择基准轴设置阵列

3．对于步骤四：关于轴定义

【轴定义】组中包括【圆柱面】、【边】和【基准轴】3 个选项。

（1）圆柱面。

使用与所需放置面垂直的圆柱面来定义沿该面均匀分布的对象，如图 9-50 所示。

图 9-50　选择圆柱面设置阵列

（2）边。

使用与所需放置面上的边线或与之平行的边线来定义沿该面均匀分布的对象，如图 9-51 所示。

（3）基准轴。

使用基准轴来定义对象使其沿该轴线形成均匀分布的阵列对象，如图 9-52 所示。

图 9-51 选择边缘线设置阵列

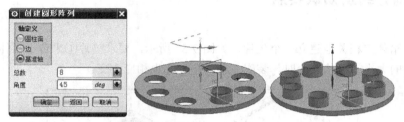

图 9-52 选择基准轴设置阵列

9.2.4 总结与拓展——编辑组件阵列

在 NX 装配环境中，创建组件阵列之后，可以根据需要对其进行编辑和删除等操作，使之更有效地辅助装配设计。选择【装配】|【组件】|【编辑组件阵列】命令，出现【编辑组件阵列】对话框，如图 9-53 所示。

图 9-53 【编辑组件阵列】对话框

9.2.5 随堂练习

随堂练习 3

随堂练习 4

随堂练习 5

9.3　WAVE 技术及装配上下文设计

9.3.1　案例介绍及知识要点

要求：

根据已存箱体去相关地建立一个垫片，如图 9-54 所示，要求垫片①来自于箱体中的父面②，若箱体中父面的大小或形状改变时，装配④中的垫片③也相应改变。

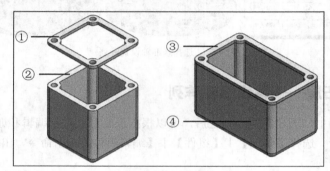

图 9-54　WAVE 技术实例

知识点

（1）从顶向下设计的方法；

（2）WAVE 技术的使用方法。

9.3.2　操作步骤

步骤一：打开文件

打开文件 "\Wave\Wave_ Assembly.prt"，如图 9-55 所示。

步骤二：添加新组件

选择【装配】｜【组件】｜【新建组件】按钮，出现【新建组件文件】对话框。

① 在【模板】选项卡中选择【模型】，在【名称】文本框中输入 washer.prt，在【文件夹】中选择保存路径，单击【确定】按钮；

② 出现【类选择】对话框，不做任何操作，单击【确定】按钮；

③ 展开【装配导航器】，如图 9-56 所示。

图 9-55　打开文件

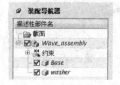

图 9-56　装配导航器

步骤三：设为工作部件

使用鼠标右键单击"washer"组件，在出现的快捷菜单中选择【设为工作部件】选项，如图 9-57 所示，即可将 washer 组件设为工作部件。

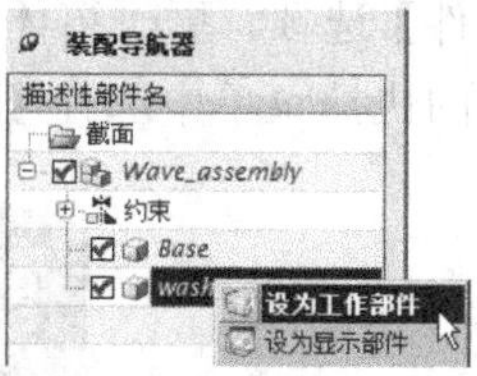

步骤四：建立 WAVE 几何链接

单击【WAVE 几何链接器】按钮，出现【WAVE 几何链接器】对话框。

① 从【类型】列表中选择【面】选项；

② 在【面】组中，从【面选项】列表中选择【面链】选项，激活【选择面】，在图形区选择面，单击【确定】按钮，创建链接的面（1）；

③ 单击【部件导航器】，展开【模型历史记录】特征树，可以看到已创建的 WAVE 链接面"链接的面（1）"，如图 9-58 所示。

图 9-57 设为工作部件

图 9-58 WAVE 面

步骤五：建立垫圈

（1）单击【开始】按钮，从出现的快捷菜单中选择【建模】选项，启动【建模】模块。

（2）单击【特征】工具栏上的【拉伸】按钮，出现【拉伸】对话框。

① 在【选择意图】工具栏上选择【片体边缘】选项；

② 在图形区选择已创建的 WAVE 链接面"链接的面（1）"；

③ 从【结束】列表中选择【值】选项，在【距离】文本框中输入 5；

④ 如果拉伸方向指向基座内部，则在【方向】组中，单击【反向】按钮。

如图 9-59 所示，单击【确定】按钮，创建垫片。

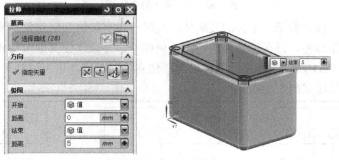

图 9-59 WAVE 垫片

（3）保存文件。

展开【装配导航器】，使用鼠标右键单击 Wave_assembly 组件，在出现的快捷菜单中选择【设为工作部件】选项，如图 9-60 所示，选择【文件】|【保存】命令，保存文件。

（4）修改箱体。

展开【装配导航器】，使用鼠标右键单击"Base"组件，在出现的快捷菜单中选择【设为工作部件】选项，更改箱体形状，展开【装配导航器】，使用鼠标右键单击 Wave_assembly 组件，在出现的快捷菜单中选择【设为工作部件】选项，如图 9-61 所示。

图 9-60　WAVE 垫片

图 9-61　WAVE 垫片

9.3.3 步骤点评

1. 对于步骤二：关于创建新组件

NX 所提供的自顶向下装配的方法主要有两种。

方法一：首先在装配中建立几何模型，然后创建一个新的组件，同时将该几何模型添加到该组件中去，如图 9-62 所示。

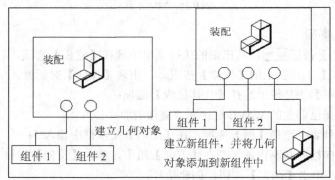

图 9-62　自顶向下的装配方法

方法二：先建立包含若干空组件的装配体，此时不含有任何几何对象。然后，选定其中的一个组件作为当前工作部件，再在该组件中建立几何模型。并依次使其余组件成为工作部件，并建立几何模型，如图 9-63 所示。注意，既可以直接建立几何对象，也可以利用 WAVE 技术引用显示部件中的几何对象建立相关链接。

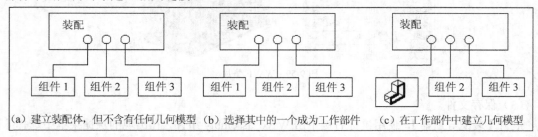

图 9-63　自顶向下装配方法

2．对于步骤三：关于工作部件和显示部件

显示部件是指当前在图形区显示的部件。工作部件是指用户正在创建或编辑的部件，它可以是显示部件或包含在显示的装配部件里的任何组件部件。当显示单个部件时，工作部件也就是显示部件。

3．对于步骤四：关于 WAVE 几何链接技术

在一个装配中，可以使用 WAVE 中的 WAVE Geometry Linker（WAVE 几何链接器）从一个部件中相关地复制几何对象到另一个部件中。在部件之间相关地复制几何对象后，即使包含了链接对象的部件文件没有被打开，这些几何对象也可以被建模操作引用。几何对象可以向上链接、向下链接或者跨装配链接，而且并不要求被链接的对象一定存在。

9.3.4 总结与拓展——自顶向下的设计方法

所谓装配上下文设计，是指在装配设计过程中，对一个部件进行设计时参照其他的零部件。例如当对某个部件上的孔进行定位时，需要引用其他部件的几何特征来进行定位。自顶向下的装配方法广泛应用于上下文设计中。利用该方法进行设计，装配部件为显示部件，但工作部件是装配中的选定组件，当前所做的任何工作都是针对工作部件的，而不是装配部件，装配部件中的其他零部件对工作部件的设计起到了一定的参考作用。

在装配上下文设计中，如果需要某一组件与其他组件有一定的关联性，可用到 UG/WAVE 技术。该技术可以实现相关部件间的关联建模。利用 WAVE 技术可以在不同部件间建立链接关系。也就是说，可以基于一个部件的几何体或位置去设计另一个部件，二者存在几何相关性。它们之间的这种引用不是简单的复制关系，当一个部件发生变化时，另一个基于该部件的特征所建立的部件也会相应地发生变化，二者是同步的。用这种方法建立关联几何对象可以减少修改设计的成本，并保持设计的一致性。

9.3.5 随堂练习

随堂练习 6

随堂练习 7

9.4 上机练习

（1）制作小齿轮油泵装配体的装配图及其爆炸视图、轴侧剖视图。

工作原理：

小齿轮油泵是润滑油管路中的一个部件。动力传给主动轴 4，经过圆锥销 3 将动力传给齿轮 5，并经另一个齿轮及圆锥销传给从动轴 8，齿轮在旋转中造成两个压力不同的区域——高压区与低压区，润滑油便从低压区吸入，从高压区压出到需要的润滑的部位。此齿轮泵负载较小，只在泵体 1 与泵盖 2 端面加垫片 6 及主动轴处加填料 9 进行密封。

小齿轮油泵简图，如习题图 1 所示。

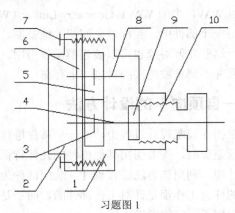

习题图 1

1—泵体　2—泵盖　3—销 3X20　4—主动轴　5—齿轮

6—垫片　7—螺栓 M6×18　8—从动轴　9—填料　10—压盖螺母

（2）制作磨床虎钳装配体的装配图及其爆炸视图、轴侧剖视图。

工作原理：

磨床虎钳是在磨床上夹持工件的工具。转动手轮 9 带动丝杆 7 旋转，使活动掌 6 在钳体 4 上左右移动，以夹紧或松开工件。活动掌 6 下面装有两条压板 10，把活动掌 6 压在钳体 4 上，钳体 4 与底盘 2 用螺钉 12 连接。底盘 2 装在底座 1 上，并可调整任意角度 ，调好角度后用螺栓 13 拧紧。

磨床虎钳简图，如习题图 2 所示。

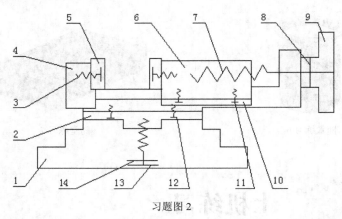

习题图 2

1—底座　2—底盘　3—螺钉 M8×32　4—钳体　5—钳口　6—活动掌　7—丝杆　8—圆柱销 4×30

9—手轮　10—压板　11—螺钉 M6×18　12—螺钉 M6×14　13—螺栓 M16×35　14—垫圈

（3）制作分度头顶尖架装配体的装配图及其爆炸视图、轴侧剖视图。

工作原理：

此分度头顶尖架与 160 型立、卧式等分度头配套使用，可在铣床、钻床、磨床上用以支承较长零件进行等分的一种辅助装置。其主要零件为底座 1、滑座 2、丝杆 5、螺母 6、滑块 4 和顶尖 3 等。丝杆由于其自身台阶及轴承盖 7 限制了其轴向移动，故旋转手把 11 迫使螺母 6 沿轴向移动，从而带动滑块 4 及顶尖 3 随之移动，以将工件顶紧或松开。

滑座 2 上有开槽，顺时针拧动螺母 M16 便压紧开槽，使之夹紧顶尖。反时针拧动螺母，由于弹性作用，开槽回位，以便顶尖调位。

分度头顶尖架简图，如习题图 3 所示。

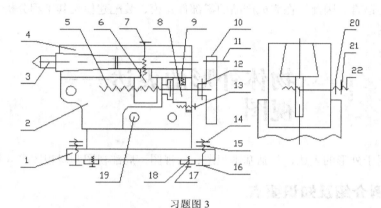

习题图 3

1—底座　2—滑座　3—顶尖　4—滑块　5—丝杆　6—螺母　7—轴承盖　8—端盖

9—油杯 GB 1155—79　10—手轮　11—把手　12—销 4×25　13—螺钉 M4×10　14—螺母 M16

15—垫圈　16—螺钉 M6×65　17—螺钉 M6×16　18—定位销　19—圆柱销　20—垫圈

21—螺母 M16　22—螺柱 M16×70

第10章 工程图的构建

绘制产品的平面工程图是从模型设计到生产的一个重要环节，也是从概念产品到现实产品的一座桥梁和描述语言。因此，在完成产品的零部件建模、装配建模及其工程分析之后，一般要绘制其平面工程图。

10.1 物体外形的表达——视图

视图通常用于外形的表达，包括基本视图、向视图、局部视图和斜视图等4种。

10.1.1 案例介绍及知识要点

（1）建立基本视图，如图10-1所示。

（2）建立向视图，如图10-2所示。

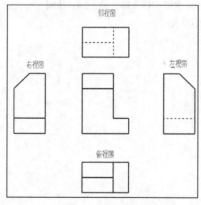

图10-1　基本视图

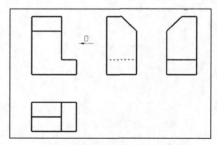

图10-2　向视图

（3）建立局部视图，如图10-3所示。

（4）建立斜视图，如图10-4所示。

知识点

（1）主模型的概念；

（2）工程图的管理方法；

（3）建立基本视图、向视图、局部视图和斜视图的方法。

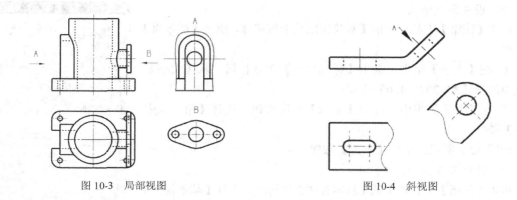

图 10-3　局部视图　　　　　　　　　　　　　　图 10-4　斜视图

10.1.2　操作步骤

步骤一：建立基本视图

（1）新建工程图。

选择【文件】|【新建】命令，出现【文件新建】对话框。

① 选择【图纸】选项卡，在【模板】列表框中选择【空白】模板；

② 在【名称】文本框中输入 Base_View _dwg.prt；

③ 在【文件夹】文本框中输入 E:\NX\10\Study；

④ 在【要创建图纸的部件】组中，在【名称】文本框中输入 Base_View。

如图 10-5 所示，单击【确定】按钮。

图 10-5　新建工程图

（2）设置图纸格式。

单击【图纸】工具栏上的【新建图纸页】按钮，出现【图纸页】对话框。

① 在【大小】组中，选中【标准尺寸】单选按钮，从【大小】列表中选择【A3-297×420】选项；

② 在【设置】组中，选中【毫米】单选按钮，选择【第一象限投影】。

如图 10-6 所示，单击【确定】按钮。

（3）添加基本视图。

单击【图纸】工具栏上的【基本视图】按钮，出现【基本视图】对话框。

① 在【要使用的模型视图】列表中选择【右视图】选项；

② 在图纸区左上角单击指定一点，添加【主视图】；

③ 向右拖动鼠标，单击指定一点，添加【左视图】；

④ 向左拖动鼠标，单击指定一点，添加【右视图】；

⑤ 向下垂直拖动鼠标，单击指定一点，添加【俯视图】；

⑥ 向上垂直拖动鼠标，单击指定一点，添加【仰视图】。

如图 10-7 所示，单击鼠标中键完成基本视图的添加。

图 10-6　工作表

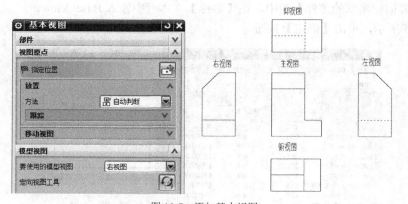

图 10-7　添加基本视图

提示：在图纸区选中【右视图】，按 Delete 键删除，选中【仰视图】，按 Delete 键删除，为做向视图做准备。

步骤二：建立向视图

（1）添加投影视图，如图 10-8 所示。

① 选择主视图；

② 单击【图纸】工具栏上的【投影视图】按钮，向左拖动鼠标，单击指定一点，添加【右视图】，单击 Esc 键；

③ 选择右视图，将其拖到左边，即为向视图。

（2）在相应视图附近用箭头指明投射方向。

单击【制图工具】工具栏上的【方向箭头】按钮，出现【方向箭头】对话框。

① 在【选项】组中，选中【创建】单选按钮；

② 在【位置】组中，从【类型】列表中选择【与XC 成一角度】选项；

③ 在【角度】文本框中输入 180，在【文本】文本框中输入 D；

④ 激活【起点】，在图形区选择点。

图 10-8　添加投影视图

如图 10-9 所示，单击【确定】按钮，完成在相应视图附近用箭头指明投射方向、标注字母的操作。

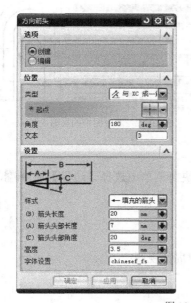

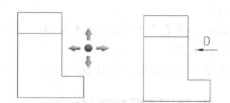

图 10-9　添加方向箭头

（3）在视图上方标注。

选择字母 D，按下 Ctrl 键，将其拖动到向视图上方，完成字母 D 的复制。至此，完成了整个向视图的绘制，如图10-10 所示。

步骤三：建立局部视图

（1）打开文件 "Partial_View_dwg.prt"。

（2）创建右视图中的局部视图。

① 使用鼠标右键单击右视图，在出现的快捷菜单中选择【活动草图视图】命令；

② 单击【草图工具】工具栏上的【直线】按钮，绘制直线；

图 10-10　完成整个向视图的绘制

③ 单击【草图工具】工具栏上的【艺术样条】按钮，出现【艺术样条】对话框，单击【通

过点】按钮，设置【阶次】为 3，取消【封闭】复选框，在右视图中绘制曲线，如图 10-11 所示，单击【确定】按钮；

④ 选中右视图，单击【图纸】工具栏上的【视图边界】按钮，出现【视图边界】对话框；

⑤ 从列表中选择【断裂线/局部放大图】选项；

⑥ 设置锚点位置；

⑦ 选中封闭曲线。

单击【确定】按钮，如图 10-12 所示。

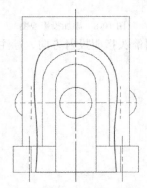

图 10-11　绘制封闭曲线

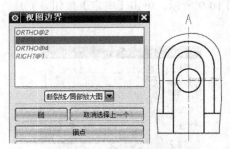

图 10-12　右视图中的局部视图

（3）创建左视图中的局部视图。

① 选中左视图，使用鼠标右键单击，在出现的快捷菜单中选择【边界】命令，出现【视图边界】对话框；

② 从列表中选择【手工生成矩形】选项；

③ 默认锚点位置；

④ 在左视图中绘制矩形，如图 10-13 所示，创建局部视图；

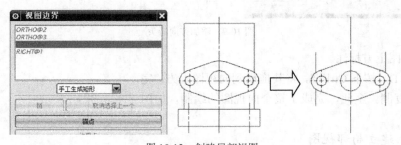

图 10-13　创建局部视图

⑤ 单击【图纸】工具栏上的【曲线编辑】按钮，出现【曲线编辑】对话框，在【选择】组中，从【类型】列表中选择【擦除】选项，选中左视图，并选中要擦除的线，如图 10-14 所示，单击【确定】按钮，完成局部视图的创建。

步骤四：建立斜视图

（1）打开文件"Oblique_view_dwg"。

（2）添加投影视图。

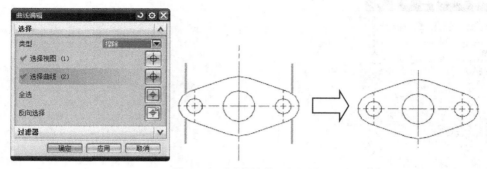

图 10-14　左视图中的局部视图

① 选择主视图，单击【图纸】工具栏上的【投影视图】按钮，出现【投影视图】对话框；

② 在【父视图】组中，激活【选择视图】，在图形区选择主视图；

③ 在【铰链线】组中，从【矢量选项】列表中选择【自动判断】选项；

④ 向右下方拖动鼠标，单击指定一点，添加【斜视图】，如图 10-15 所示。

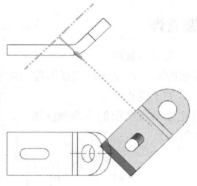

图 10-15　创建斜视图

（3）创建局部视图。

① 单击【图纸】工具栏上的【断开视图】按钮，出现【断开视图】对话框；

② 从【类型】列表中选择【单侧】选项；

③ 在【主模型视图】组中，激活【选择视图】，在图形区选择 ORTHO@2；

④ 在【方向】组中，激活【指定矢量】，在图形区指定方向；

⑤ 在【断裂线】组中，激活【指定锚点】，在图形区选择锚点；

⑥ 在【设置】组中，从【样式】列表中选择【〜】选项，在【幅值】文本框中输入 6，在【延伸 1】文本框中输入 0，在【延伸 2】文本框中输入 0，选中【显示断裂线】复选框；如图 10-16 所示，单击【应用】按钮。

⑦ 按同样的方法创建另一处的局部视图，如图 10-17 所示。

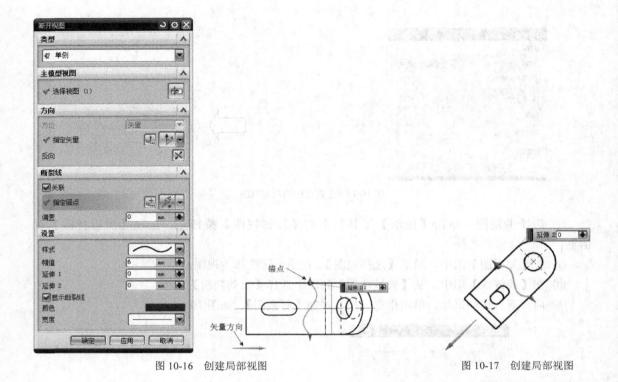

图 10-16 创建局部视图　　　　　　　　图 10-17 创建局部视图

10.1.3 步骤点评

对于步骤一：关于主视图

对于 GB 标准的图，建议选择右视图作为主视图。

对于步骤二：关于锚点

锚点用于锚定细节视图中的内容到图纸上，当模型改变时以保持视图和它的内容不从图上漂移，如图 10-18 所示。

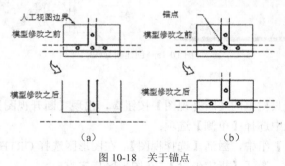

图 10-18 关于锚点

10.1.4 总结与拓展——主模型的概念（Master Model Concept）

主模型是指可以提供给 NX 各个功能模块引用的部件模型，是计算机并行设计概念在 NX 中的一种体现。一个主模型可以同时被装配、工程图、加工、机构分析等应用模块引用。当主模型改变时，相关的应用会自动更新。

主模型的概念如图 10-19 所示。从图中可以看到，下游用户使用主模型是通过"引用"而不是复制。下游用户对主模型只有读的权限，但可以将意见与建议反馈给主模型的建立人员。

按照产品的生命周期管理原理，产品的结构应不断随市场的变化和用户的要求做出相应的改进。产品的工程更改将给下游相关的环节（如装配、工程分析、制图和数控加工）带来一系列相应的更改。主模型概念的引入，解决了工程更改的同步性和一致性。

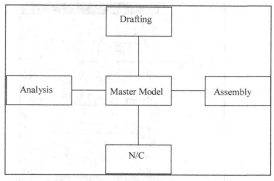

图 10-19 主模型的概念

利用 NX 的实体建模模块创建的零件和装配体主模型，可以引用到 NX 的工程图模块中，通过投影快速地生成二维工程图。由于 NX 的工程图功能是基于创建的三维实体模型的投影所得到的，因此工程图与三维实体模型是完全相关的，实体模型进行的任何编辑操作，都会在二维工程图中引起相应的变化。这是基于主模型的三维造型系统的重要特征，也是区别于纯二维参数化工程图的重要特点。

10.1.5 总结与拓展——工程图的管理

NX 专门提供了一组用于图纸管理的命令，包括新建图纸、打开图纸、删除图纸和编辑当前图纸等。

1．新建图纸页

选择【插入】|【图纸页】命令，出现【图纸页】对话框，如图 10-20 所示。在该对话框中，可以设置图纸页名称、图纸尺寸（规格和高度、长度）、比例、单位和投影角度等参数。完成设置后，单击【确定】按钮，这时在绘图区会显示新设置的工程图，工程图名称会显示在绘图区左下角的位置。

2．打开图纸页

打开已存在的图纸，可以使其成为当前图纸，以便对其进行编辑。

可以使用下面的方法打开图纸页。

（1）在【部件导航器】中双击欲打开的图纸名称。

（2）在【部件导航器】中，右击欲打开的图纸名称，在出现的快捷菜单中选择【打开】命令，如图 10-21 所示。

提示：当打开一个图纸时，原先打开的图纸将被自动关闭。

3．删除图纸页

删除图纸页就是删除不需要的图纸。

可以使用下面的方法删除图纸页。

（1）在【部件导航器】中选择欲删除的图纸名称，按 Delete 键。

（2）在【部件导航器】中，右击欲删除的图纸名称，在出现的快捷菜单中选择【删除】命令。

4．编辑图纸页

编辑图纸页，主要包括修改图纸页名称、图纸尺寸（规格和高度、长度）、比例、单位等参数，不能编辑投影角度。

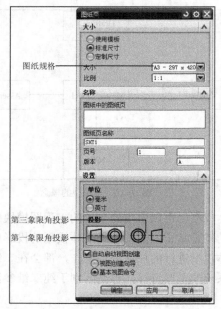

图 10-20　【图纸页】对话框

图 10-21　工程图的管理操作

编辑图纸页的方法有以下几种。

（1）在【部件导航器】中，右击欲编辑的图纸名称，在出现的快捷菜单中选择【编辑图纸页】命令，出现【图纸页】对话框。在该对话框中修改相应的参数，单击【确定】按钮即可。

（2）在【部件导航器】中双击已打开的图纸名称，出现【图纸页】对话框。在该对话框中修改相应的参数，单击【确定】按钮即可。

（3）选择【编辑】|【图纸页】命令，出现【图纸页】对话框。在该对话框中修改相应的参数，单击【确定】按钮即可。

10.1.6　总结与拓展——视图

视图通常包括基本视图、向视图、局部视图和斜视图。

1. 基本视图

一个物体可有 6 个基本投射方向，如图 10-22 所示中的 A、B、C、D、E、F 方向，相应地有 6 个基本投影面垂直于 6 个基本投射方向。物体向基本投影面投射所得的视图称为基本视图。

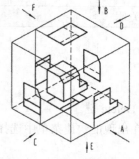

（a）基本视图的投影方法

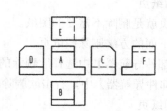

（b）基本视图的配置方法

图 10-22　6 个基本视图的形成及投影面的展开方法

在绘制 6 个基本视图时应注意如下事项。

（1）6 个基本视图的投影对应关系，符合"长对正、高平齐、宽相等"的投影关系。即主、俯、仰、后视图等长，主、左、右、后视图等高，左、右、俯、仰视图等宽的"三等"关系。

（2）6 个视图的方位对应关系，仍然反映物体的上、下、左、右、前、后的位置关系。尤其注意左、右、俯、仰视图靠近主视图的一侧代表物体的后面，而远离主视图的那侧代表物体的前面，后视图的左侧对应物体的右侧。

（3）在同一张图样内按上述关系配置的基本视图，一律不标注视图名称。

（4）在实际制图时，应根据物体的形状和结构特点，按需要选择视图。一般优先选用主、俯、左 3 个基本视图，然后再考虑其他视图。在完整、清晰地表达物体形状的前提下，使用视图数量越少越好，以力求制图简便。

2．向视图

向视图是可自由配置的视图。

向视图的标注形式如下。

在视图上方标注"×"（"×"为大写拉丁字母），在相应视图附近用箭头指明投射方向，并标注相同的字母，如图 10-23 所示。

3．局部视图

如只需表示物体上某一部分的形状时，可不必画出完整的基本视图，而只把该部分局部结构向基本投影面投射即可。这种将物体的某一部分向基本投影面投射所得的视图称为局部视图，如图 10-24 所示。

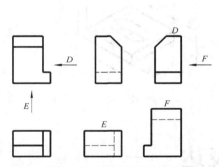

图 10-23 向视图的标注方法

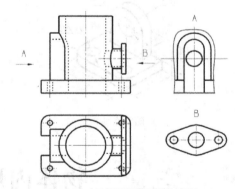

图 10-24 局部视图的画法与标注

由于局部视图所表达的只是物体某一部分的形状，故需要画出断裂边界，其断裂边界用波浪线表示（也可用双折线代替波浪线），如图 10-24 中的 A。但应注意以下几点。

（1）波浪线不应与轮廓线重合或在轮廓线的延长线上。

（2）波浪线不应超出物体轮廓线，不应穿空而过。

（3）若表示的局部结构是完整的，且外形轮廓线封闭时，波浪线可省略不画，如图 10-24 中的 B。

画局部视图时，一般在局部视图上方标出视图的名称"×"，在相应的视图附近用箭头指明投射方向，并注上同样的大写拉丁字母。

4．斜视图

当机件具有倾斜结构时，如图 10-25 所示，在基本视图上就不能反映出该部分的实形，同时也不便标注其倾斜结构的尺寸。为此，可设置一个平行于倾斜结构的垂直面（图中为正垂面 P）作为新投影面，将倾斜结构向该投影面投射，即可得到反映其实形的视图。这种将物体向不平行于基本投影面的平面投射所得的视图称为斜视图。

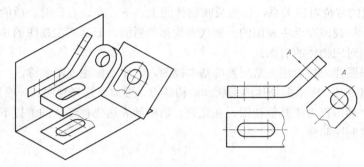

图 10-25 斜视图的产生与配置

斜视图主要是用来表达物体上倾斜部分的实形，故其余部分不必全部画出，断裂边界用波浪线表示，如图 10-25 所示。当所表示的结构是完整的，且外形轮廓线封闭时，波浪线可省略不画。

10.1.7 随堂练习

在 A3 幅面中绘制立体的基本视图，在 A4 幅面中绘制向视图。

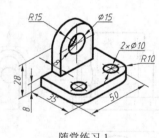

随堂练习 1

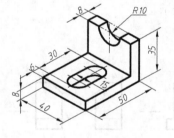

随堂练习 2

10.2 物体内形的表达——剖视图

10.2.1 案例介绍及知识要点

（1）建立全剖视图，如图 10-26 所示。

（2）建立半剖视图，如图 10-27 所示。

（3）建立局部剖视图，如图 10-28 所示。

（4）建立阶梯剖视图，如图 10-29 所示。

（5）建立旋转剖视图，如图 10-30 所示。

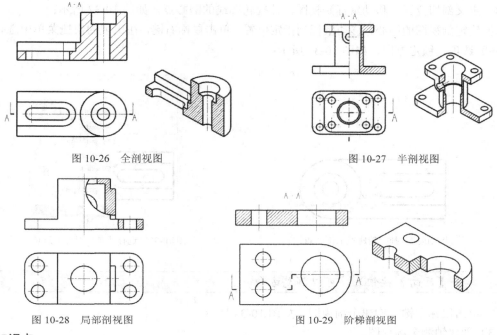

图 10-26　全剖视图　　　　　　　　　图 10-27　半剖视图

图 10-28　局部剖视图　　　　　　　　图 10-29　阶梯剖视图

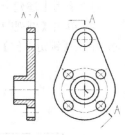

图 10-30　旋转剖视图

知识点

（1）创建全剖视图的方法；

（2）创建半剖视图的方法；

（3）创建局部剖视图的方法；

（4）创建阶梯剖视图的方法；

（5）创建旋转剖视图的方法；

（6）编辑装配剖视图的方法。

10.2.2　操作步骤

步骤一：建立全剖视图

（1）打开文件"Full_Section_View_dwg"。

（2）建立全剖视图。

① 单击【图纸】工具栏上的【剖视图】按钮，在图形区选择要剖视的视图 ORTHO@2，出现【剖视图】工具栏，如图 10-31 所示；

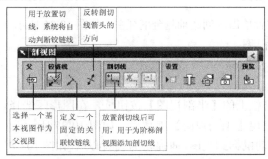

图 10-31　【剖视图】工具栏

② 定义剖切位置，移动鼠标到视图，捕捉轮廓线的圆心点，如图 10-32 所示；

③ 确定剖视图的中心，移动鼠标到指定位置，单击鼠标右键，在出现的快捷菜单中选择【锁定对齐】选项，锁定方向，如图 10-33 所示；

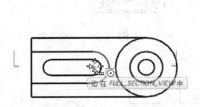

图 10-32　捕捉轮廓线的圆心点

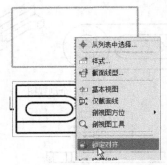

图 10-33　选择【锁定对齐】选项

> 提示：单击【反向】按钮 ⊠，可以调整方向。

④ 单击鼠标左键，创建全剖视图，如图 10-34 所示。

（3）创建轴测全剖视图。

① 采用上述建立全剖视图步骤①～③相同的方法建立全剖视图。

② 单击【剖视图】工具栏上的【预览】按钮 🔍，出现【剖视图】预览对话框，选择【着色】选项，单击【锁定方位】按钮，单击【切削】按钮，如图 10-35 所示，预览无误时单击【确定】按钮；

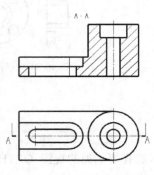

图 10-34　创建全剖视图

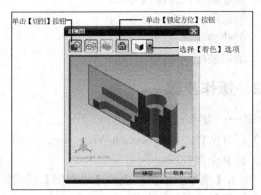

图 10-35　【剖视图】预览

③ 移动鼠标到指定位置单击，创建轴测全剖视图，如图 10-36 所示。

步骤二：建立半剖视图

（1）打开文件"Half_Section_View_dwg.prt"。

（2）建立半剖视图。

① 单击【图纸】工具栏上的【半剖视图】按钮 🔄，在图形区选择要剖视的视图 TOP@1，出现【半剖视图】工具栏，如图 10-37 所示；

② 定义剖切位置，移动鼠标到视图，捕捉轮廓线圆心点，如图 10-38 所示；

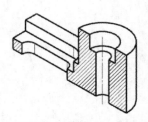

图 10-36　创建轴测全剖视图

图 10-37 【半剖视图】工具栏

③ 定义折弯线的位置，移动鼠标到视图，捕捉半剖位置轮廓线的中点，如图 10-39 所示；

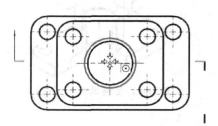

图 10-38 捕捉轮廓线的圆心点

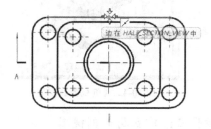

图 10-39 捕捉半剖位置轮廓线的中点

> **提示：** 单击【反向】按钮 ⊠，可以调整方向。

④ 确定剖视图的中心，移动鼠标到指定位置，单击鼠标右键，在出现的快捷菜单中选择【锁定对齐】选项，锁定方向，如图 10-40 所示；

⑤ 单击鼠标，创建半剖视图，如图 10-41 所示。

图 10-40 选择【锁定对齐】选项

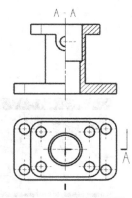

图 10-41 创建半剖视图

（3）创建轴测半剖视图。

① 采用上述建立半剖视图步骤①～④相同的方法建立阶梯剖视图。

② 单击【剖视图】工具栏上的【预览】按钮 ，出现【剖视图】预览对话框，选择【着色】选项，单击【锁定方位】按钮，单击【切削】按钮，如图 10-42 所示，预览无误时单击【确定】按钮；

③ 移动鼠标到指定位置单击，创建轴测半剖视图，如图 10-43 所示。

图 10-42　【剖视图】预览

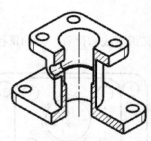

图 10-43　创建轴测半剖视图

步骤三：建立局部剖视图

（1）打开文件"Break-Out_View_dwg.prt"。

（2）建立局部剖视图。

① 使用鼠标右键单击主视图，在出现的快捷菜单中选择【活动草图视图】命令；

② 单击【草图工具】工具栏上的【艺术样条】按钮 ，出现【艺术样条】对话框，单击【通过点】按钮，设置【阶次】为3，选择【封闭】复选框，在右视图中绘制封闭的曲线，如图10-44所示；

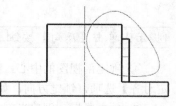

图 10-44　绘制封闭的曲线

③ 选中主视图，单击【图纸】工具栏上的【局部剖】按钮 ，出现【局部剖】对话框，定义基点，如图 10-45 所示；

图 10-45　定义基点

④ 定义拉伸矢量，如图 10-46 所示；

提示： 单击【矢量反向】按钮 ，可以调整方向。

⑤ 在图形区选择截断线，如图 10-47 所示；

⑥ 单击【应用】按钮，如图 10-48 所示，创建局部剖视图；

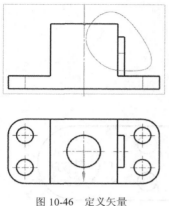

图 10-46　定义矢量

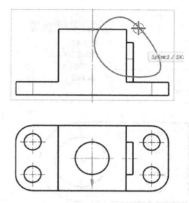

图 10-47　选择截断线

⑦ 按同样的方法创建另一处的局部剖视图，图 10-49 所示。

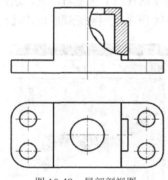

图 10-48　局部剖视图

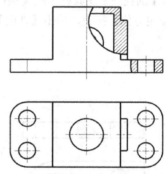

图 10-49　局部剖视图

步骤四：阶梯剖视图

（1）打开文件 "stepped_ Section_View _dwg.prt"。

（2）建立阶梯剖视图。

① 单击【图纸】工具栏上的【剖视图】按钮☺，在图形区选择要剖视的视图 Top@1，出现【剖视图】工具栏；

② 定义剖切位置，移动鼠标到视图，捕捉轮廓线的圆心点，如图 10-50 所示；

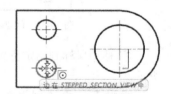

图 10-50　捕捉轮廓线的圆心点

③ 确定剖视图的中心，移动鼠标到指定位置，单击鼠标右键，在出现的快捷菜单中选择【锁定对齐】选项，锁定方向，单击【反向】按钮，调整方向，如图 10-51 所示；

④ 定义段的新位置，单击【剖视图】工具栏上的【添加段】按钮，在视图上确定各剖切段，如图 10-52 所示；

提示：单击【反向】按钮，可以调整方向。

⑤ 单击鼠标中键，结束添加线段的操作，移动鼠标到指定位置单击，创建阶梯剖视图，如图 10-53 所示。

（3）创建轴测阶梯剖视图。

① 采用上述建立阶梯剖视图步骤①～④相同的方法建立阶梯剖视图。

图 10-51　选择【锁定对齐】选项

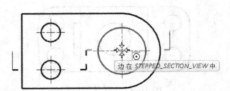

图 10-52　确定各剖切段

② 单击【剖视图】工具栏上的【预览】按钮 🔍，出现【剖视图】预览对话框，选择【着色】选项，单击【锁定方位】按钮，单击【切削】按钮，如图 10-54 所示，预览无误时单击【确定】按钮；

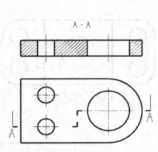

图 10-53　创建阶梯剖视图

图 10-54　【剖视图】预览

③ 移动鼠标到指定位置单击，创建轴测阶梯剖视图，如图 10-55 所示。

步骤五：旋转剖视图

（1）打开文件"Revolved_ Section_View _dwg.prt"。

（2）建立旋转剖视图。

① 单击【图纸】工具栏上的【旋转剖视图】按钮 🔄，在图形区选择要剖视的视图 TOP@1，出现【旋转剖视图】工具栏，如图 10-56 所示；

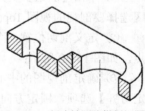

图 10-55　创建轴测阶梯剖视图

图 10-56　【旋转剖视图】工具栏

② 定义旋转点，移动鼠标到视图，捕捉轮廓线的圆心点，如图 10-57 所示；

③ 定义线段的新位置，移动鼠标到视图，捕捉轮廓线的圆心点，如图 10-58 所示；

④ 定义线段的新位置，移动鼠标到视图，捕捉轮廓线的中点，如图 10-59 所示；

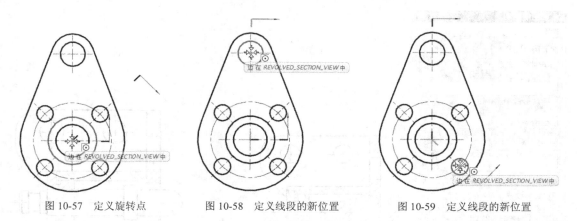

图 10-57 定义旋转点   图 10-58 定义线段的新位置   图 10-59 定义线段的新位置

提示：单击【反向】按钮❏，可以调整方向。

⑤ 确定剖视图的中心，移动鼠标到指定位置，单击鼠标右键，在出现的快捷菜单中选择【锁定对齐】选项，锁定方向，如图 10-60 所示；

⑥ 单击鼠标左键，创建旋转剖视图，如图 10-61 所示。

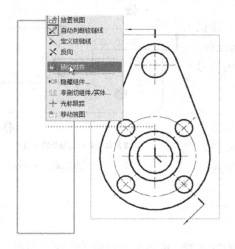

图 10-60 移动鼠标到指定位置

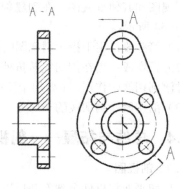

图 10-61 创建旋转剖视图

步骤六：装配剖视图

（1）打开文件"Counter_dwg.prt"。

（2）编辑装配剖视图。

选择【编辑】|【视图】|【视图中剖切】命令，出现【视图中剖切】对话框。

① 在【视图】组中，激活【选择视图】，在图形区选择需编辑的视图；

② 在【体或组件】中，激活【选择对象】，在图形区选择非剖切部分；

③ 在【操作】组中，选中【变成非剖切】单选按钮。

如图 10-62 所示，单击【确定】按钮。

（3）完成设置的装配剖视图，如图 10-63 所示。

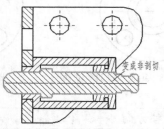

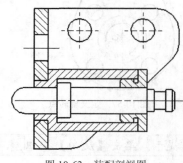

图 10-62　编辑装配剖视图 　　　　　　　　　　　　　图 10-63　装配剖视图

10.2.3　步骤点评

对于步骤一：关于剖视图的符号标记

在工程实践中，常常需要创建各类剖视图，NX 提供
了 4 种剖视图的创建方法，其中包括全剖视图、半剖视图、
旋转剖视图和其他剖视图。在创建剖视图时常出现的符号
如图 10-64 所示。

（1）箭头段：用于指示剖视图的投影方向。

（2）折弯段：用在剖切线转折处，不指示剖切位置，
只起过渡剖切线的作用，主要用于阶梯剖、旋转剖中连接。

（3）剖切段：剖切线的一部分，用来定义剖切平面。

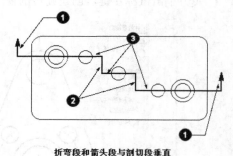

折弯段和箭头段与剖切段垂直

图 10-64　剖视图的符号标记

10.2.4　总结与拓展——剖视图的种类

1．全剖视图

用剖切平面将机件全部剖开后进行投影所得到的剖视图，称为全剖视图（简称全剖视）。全剖
视图一般用于表达外部形状比较简单，内部结构比较复杂的机件。

2．半剖视图

当机件具有对称平面时，在垂直于对称平面的投影面上投影得到的视图，可以对称中心线为
界，一半画成剖视图，另一半画成视图，这样的图形称为半剖视图。

半剖视图既充分地表达了机件的内部结构，又保留了机件的外部形状，因此它具有内外兼顾
的特点。但半剖视图只适用于表达对称的或基本对称的机件。

3．局部剖视图

将机件局部剖开后进行投影得到的剖视图称为局部剖视图。局部剖视图也是在同一视图上同
时表达内外形状的方法，并且用波浪线作为剖视图与视图的界线。

4．阶梯剖视图

用两个或多个互相平行的剖切平面把机件剖开的方法，称为阶梯剖，所画出的剖视图，称为阶梯剖视图。它适用于表达机件内部结构的中心线排列在两个或多个互相平行的平面内的情况。

5．旋转剖视图

用两个相交的剖切平面（交线垂直于某一基本投影面）剖开机件的方法称为旋转剖，所画出的剖视图，称为旋转剖视图。它适用于有明显回转轴线的机件，而轴线恰好是两剖切平面的交线，并且两剖切平面一个为投影面平行面，一个为投影面垂直面。采用这种剖切方法画剖视图时，先假想按剖切位置剖开机件，然后将被剖切的结构及其有关部分绕剖切平面的交线旋转到与选定的投影面平行后再投射。

10.2.5　随堂练习

（1）完成全剖视图。

（2）完成半剖视图。

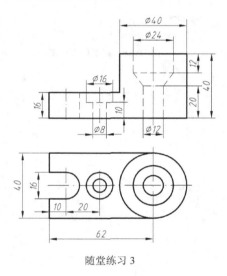

随堂练习 3

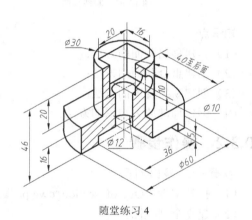

随堂练习 4

10.3 断面图、断裂视图和局部放大视图

10.3.1　案例介绍及知识要点

（1）建立移出断面图，如图 10-65 所示。

（2）建立重合断面，如图 10-66 所示。

（3）建立断裂视图，如图 10-67 所示。

（4）建立局部放大视图，如图 10-68 所示。

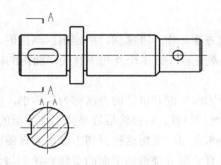

图 10-65　移出断面图

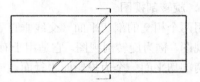

图 10-66　重合断面图

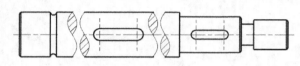

图 10-67　断裂视图

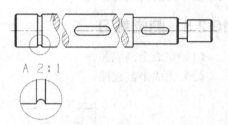

图 10-68　局部放大视图

知识点

（1）创建移出断面的方法；

（2）创建重合断面的方法；

（3）创建断裂视图的方法；

（4）创建局部放大视图的方法。

10.3.2　操作步骤

步骤一：移出断面

（1）打开文件"Out_of_section_dwg.prt"。

（2）建立全剖视图。

① 单击【图纸】工具栏上的【剖视图】按钮，在图形区选择要剖视的视图 RIGHT@1，出现【剖视图】工具栏，移动鼠标到视图，捕捉轮廓线的中心点，如图 10-69 所示；

② 确定剖视图的中心，移动鼠标到指定位置，单击鼠标右键，在出现的快捷菜单中选择【锁定对齐】选项，锁定方向，单击鼠标左键，创建全剖视图，如图 10-70 所示；

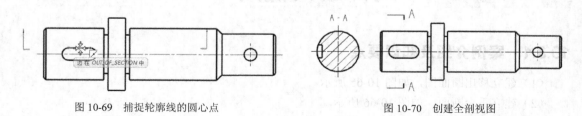

图 10-69　捕捉轮廓线的圆心点　　　　　　　　图 10-70　创建全剖视图

③ 双击剖面视图 A-A，出现【视图样式】对话框，在【截面线】选项卡中取消【背景】复选框，单击【确定】按钮，移动剖面视图 A-A 的位置，如图 10-71 所示。

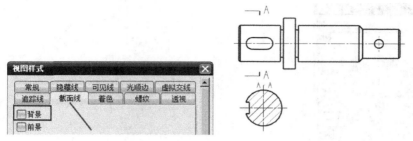

图 10-71　移动剖面视图

步骤二：重合断面

（1）打开文件"superposition_of_section_dwg.prt"。

（2）建立全剖视图。

① 单击【图纸】工具栏上的【剖视图】按钮，在图形区选择要剖视的视图 RIGHT@1，出现【剖视图】工具栏；

② 移动鼠标到视图，捕捉轮廓线上的点，确定剖视图的位置；

③ 移动鼠标到指定位置；

④ 单击鼠标右键，在出现的快捷菜单中选择【锁定对齐】选项，锁定方向；

⑤ 单击鼠标左键，如图 10-72 所示，创建全剖视图；

⑥ 将剖面视图 A-A 移动到主视图，隐藏标记，如图 10-73 所示。

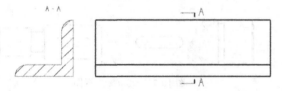

图 10-72　创建全剖视图

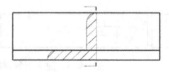

图 10-73　重合断面

步骤三：断裂视图

（1）打开文件"broken_view_dwg.prt"。

（2）创建断开视图。

单击【图纸】工具栏上的【断开视图】按钮，出现【断开视图】对话框，如图 10-74 所示。

① 选择视图，保证【启动捕捉点】按钮被激活，并且【点在曲线上】按钮处于激活状态；

② 在【设置】组中，从【样式】列表中选择【实心杆状断裂】；

③ 在【断裂线 1】组中，激活【指定锚点】，在图形区选择断裂线 1 锚点，在【断裂线 2】组中，激活【指定锚点】，在图形区选择断裂线 2 锚点，如图 10-75 所示；

④ 单击【应用】按钮，如图 10-76 所示；

⑤ 重复①～④步骤的操作，如图 10-77 所示。

步骤四：局部放大视图

（1）打开文件"Detail_View_dwg.prt"。

（2）定义局部放大视图。

单击【图纸】工具栏上的【局部放大图】按钮，出现【局部放大图】对话框。

① 从【类型】列表中选择【圆形】选项；

图 10-74　【断开视图】对话框

图 10-75　选择断裂曲线的锚点

图 10-76　建立断裂视图

图 10-77　建立断裂视图

② 在【边界】组中，激活【指定中心点】，在图形区的左侧沟槽下端中心位置拾取圆心；

③ 激活【指定边界点】，在图形区拖动光标，拾取适当大小的半径；

④ 在【比例】组中，从【比例】列表中选择【2:1】选项；

⑤ 在图形区的左侧沟槽正下方放置局部放大图。

如图 10-78 所示，单击鼠标中键结束局部放大视图的操作。

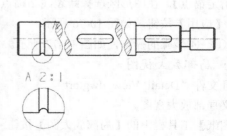

图 10-78　局部放大图

10.3.3 步骤点评

对于步骤一：关于局部放大图比例

在【比例】组中，从【比例】列表中选择【比率】选项，在下面的文本框中输入自定义比例，如图 10-79 所示。

图 10-79 自定义比例

10.3.4 总结与拓展——断面图、断裂视图和局部放大视图

1．移出断面图

绘制在视图轮廓之外的断面图称为移出断面图。如图 10-80 所示的断面即为移出断面。

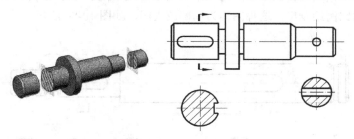

图 10-80 移出断面图

移出断面图的绘制方法如下。

（1）移出断面的轮廓线用粗实线绘制出，断面上绘制出剖面符号。移出断面应尽量配置在剖切平面的延长线上，必要时也可以绘制在图纸的适当位置。

（2）当剖切平面通过由回转面形成的圆孔、圆锥坑等结构的轴线时，这些结构应按剖视绘制出，如图 10-81 所示。

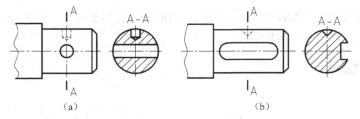

图 10-81 通过圆孔等回转面的轴线时断面图的绘制方法

（3）当剖切平面通过非回转面导致出现完全分离的断面时，这样的结构也应按剖视绘制出，如图 10-82 所示。

2．重合断面图

绘制在视图轮廓之内的断面图称为重合断面图。如图 10-83 所示的断面即为重合断面。

为了使图形清晰，避免与视图中的线条混淆，重合断面的轮廓线用细实线绘制出。当重合断面的轮廓线与视图的轮廓线重合时，仍按视图的轮廓线绘制出，不应中断。

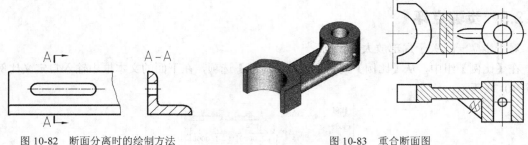

图 10-82　断面分离时的绘制方法　　　　　　　　图 10-83　重合断面图

3．断裂视图

较长的零件，如轴、杆、型材、连杆等，沿长度方向的形状一致或按一定规律变化时，可以断开后缩短绘制。

4．局部放大图

机件上某些细小结构在视图中表达的还不够清楚，或不便于标注尺寸时，可将这些部分用大于原图形所采用的比例绘制出，这种图称为局部放大图，如图 10-84 所示。

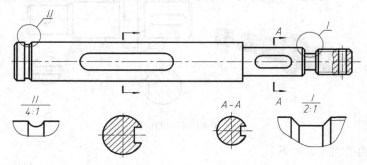

图 10-84　局部放大图

局部放大图的标注方法：在视图上绘制一细实线圆，标明放大部位，在放大图的上方注明所用的比例，即图形大小与实物大小之比（与原图上的比例无关），如果放大图不止一个时，还需要用罗马数字编号以示区别。

注意，局部放大图可绘制成视图、剖视图、断面图，它与被放大部位的表达方法无关。局部放大图应尽量配置在被放大部位的附近。

10.3.5　随堂练习

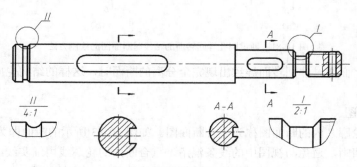

随堂练习 5

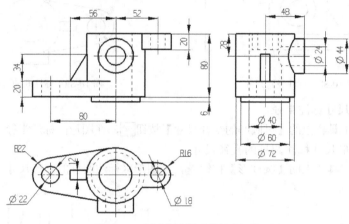

10.4.1 案例介绍及知识要点

创建中心线与各种类型的尺寸标注，如图 10-85 所示。

图 10-85 创建各种类型的尺寸标注

知识点

（1）创建中心线的方法；

（2）各种类型的尺寸标注的方法。

10.4.2 操作步骤

步骤一：打开文件，创建中心线

（1）打开文件"Dim_View_dwg.prt"。

（2）创建中心标记。

单击【中心线】工具栏上的【中心标记】按钮⊕，出现【中心标记】对话框。在图形区的 RIGHT@1 上选择圆，如图 10-86 所示，单击【应用】按钮，完成其他中心标记的创建。

（3）创建 2D 中心线。

单击【中心线】工具栏上的【2D 中心线】按钮⊡，出现【2D 中心线】对话框。从【类型】列表中选择【从曲线】选项，在图形区的 RIGHT@1 上选择两边线，如图 10-87 所示，单击【应用】按钮，完成其他 2D 中心线的创建。

步骤二：标注定形尺寸

（1）使用自动判断尺寸标注竖直尺寸。

单击【尺寸】工具栏上的【自动判断】按钮，在图形区标注竖直尺寸，如图 10-88 所示。

（2）使用直径尺寸标注孔的直径。

单击【尺寸】工具栏上的【直径】按钮，在图形区标注孔的直径，如图 10-89 所示。

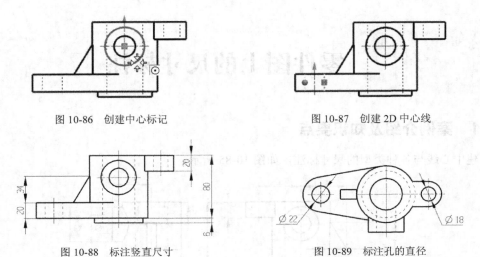

图 10-86　创建中心标记　　　　　　　图 10-87　创建 2D 中心线

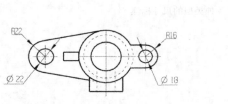

图 10-88　标注竖直尺寸　　　　　　　图 10-89　标注孔的直径

（3）使用半径尺寸标注半径。

单击【尺寸】工具栏上的【过圆心的半径尺寸】按钮，在图形区标注半径，如图 10-90 所示。

（4）使用圆柱形尺寸标注圆柱的直径尺寸。

单击【尺寸】工具栏上的【圆柱形】按钮，在图形区标注圆柱的直径尺寸，如图 10-91 所示。

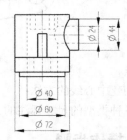

图 10-90　标注半径尺寸　　　　　　图 10-91　使用圆柱形尺寸标注圆柱的直径尺寸

步骤三：标注定位尺寸

单击【尺寸】工具栏上的【自动判断】按钮，在图形区标注定位尺寸，如图 10-92 所示。

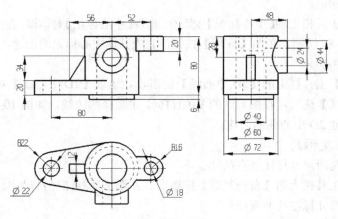

图 10-92　标注定位尺寸

10.4.3 步骤点评

对于步骤二：关于标注文本方位

在尺寸编辑状态，使用鼠标右键单击尺寸，在出现的快捷菜单中选择【文本方位】|【✗×✗】命令，即可改变标注样式，如图 10-93 所示。

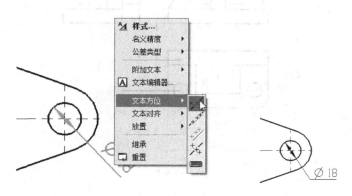

图 10-93　标注文本方位

10.4.4 总结与拓展——标注组合体尺寸的方法

标注尺寸时，先对组合体进行形体分析，选定长度、宽度和高度 3 个方向的尺寸基准，如图 10-94 所示，然后逐个标注形体的定形尺寸和定位尺寸，再标注总体尺寸，最后检查并进行尺寸调整。

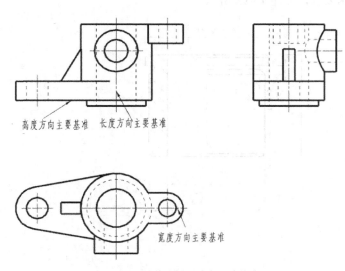

图 10-94　形体分析，确定尺寸基准

10.4.5　随堂练习

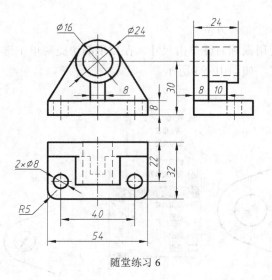

随堂练习 6

10.5　零件图上的技术要求

10.5.1　案例介绍及知识要点

零件图上的技术要求，如图 10-95 所示。

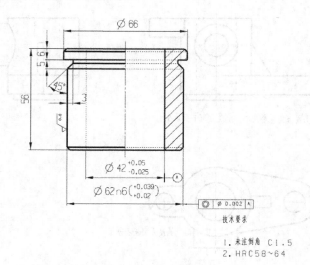

图 10-95　钻套

知识点

（1）创建拟合符号和公差的方法；

（2）表面结构标注的方法；

（3）几何公差标注的方法；

（4）创建技术要求的方法。

10.5.2 操作步骤

步骤一：打开文件，创建拟合符号和公差

（1）打开文件 "drill_bush_dwg.prt"。

（2）单击【尺寸标注样式-GC 工具箱】工具栏上的【双向公差】按钮，如图 10-96 所示。

（3）单击【尺寸】工具栏上的【自动判断】按钮，在图形区选择圆柱内径直线的上端，标注出圆柱直径的内径尺寸，如图 10-97 所示。

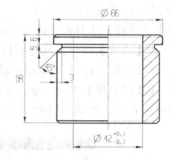

图 10-96 【尺寸标注样式-GC 工具箱】工具栏

图 10-97 标注公差

（4）选择尺寸附加文本部分，单击鼠标右键，在出现的快捷菜单中选择【编辑】命令，出现公差设计框，设置上偏差为 0.050，设置下偏差为-0.025，单击鼠标中键，完成偏差的设置，如图 10-98 所示。

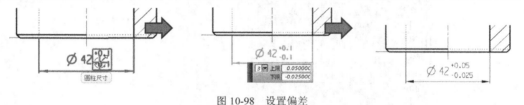

图 10-98 设置偏差

（5）单击【尺寸标注样式-GC 工具箱】工具栏上的【拟合符号和公差】按钮，如图 10-99 所示。

（6）单击【尺寸】工具栏上的【自动判断】按钮，在图形区选择圆柱外径直线的上端，标注出圆柱直径的外径尺寸，如图 10-100 所示。

图 10-99 【拟合符号和公差】按钮

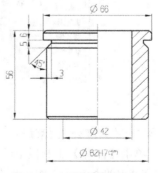

图 10-100 标注符号和公差

（7）选择尺寸附加文本部分，单击鼠标右键，在出现的快捷菜单中选择【编辑】命令，出现公差设计框，设置上偏差为 0.032，单击鼠标中键，完成偏差的设置，如图 10-101 所示。

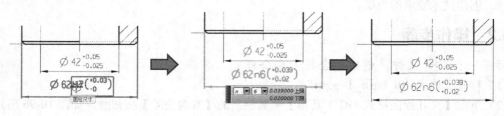

图 10-101　设置偏差

步骤二：表面结构标注

单击【注释】工具栏上的【表面粗糙度符号】按钮 √，出现【表面粗糙度】对话框。

① 在【属性】组中，从【材料移除】列表中选择【修饰符，需要材料移除】选项；

② 在【切除（f1）】文本框中输入 Ra 0.8；

③ 在【指引线】组中，激活【选择终止对象】，在图形区拾取边上的一点，移动到合适位置，定位粗糙度符号，如图 10-102 所示。

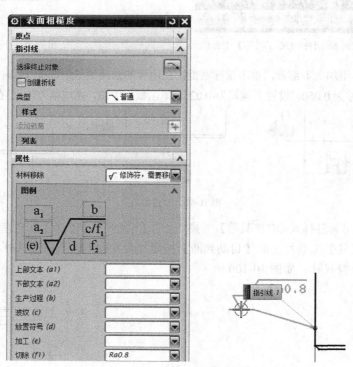

图 10-102　创建表面粗糙度符号

步骤三：几何公差标注

（1）单击【注释】工具栏上的【基准特征符号】按钮 💠，出现【基准特征符号】对话框。

① 在【基准标识符】组中，在【字母】文本框中输入 A；

② 在【原点】组中，激活【指定位置】，在图形区的上面适当位置拾取一点，向右拖动，如图 10-103 所示，单击鼠标左键。

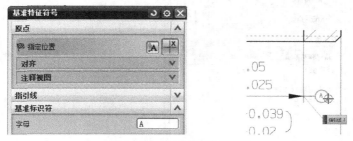

图 10-103 创建基准特征符号

（2）单击【注释】工具栏上的【特征控制框】按钮，出现【特征控制框】对话框。

① 在【框】组中，从【特性】列表中选取【同轴度】选项；

② 从【公差】列表中选取【ϕ】选项，在文本框中输入 0.002；

③ 从【第一基准参考】列表中选取【A】选项；

④ 在【原点】组中，激活【指定位置】，在图形区的上面适当位置拾取一点，向右拖动，如图 10-104 所示，单击鼠标左键。

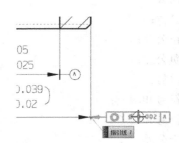

图 10-104 创建特征控制框

步骤四：创建技术要求

单击【制图】工具栏上的【技术要求库】按钮，出现【技术要求】对话框。

① 在【文本输入】组中，在【从已有文本输入】文本框中依次输入技术要求、未注倒角、C1.5、HRC58～64；

② 在【原点】组中，激活【指定位置】，在图形区的适当位置拾取一点作为指定位置，拾取另一点作为指定终点，如图 10-105 所示，单击鼠标左键。

图 10-105　创建技术要求

10.5.3　步骤点评

对于步骤一：关于 GC 工具箱提供的公差样式

（1）【尺寸标注样式-GC 工具箱】工具栏提供的公差样式，如图 10-106 所示，包括如下样式。

① 等双向公差；

② 双向公差；

③ 单向正公差；

④ 单向负公差；

图 10-106　【尺寸标注样式-GC 工具箱】
工具栏提供的公差样式

⑤ 拟合符号；

⑥ 拟合符号和限制；

⑦ 拟合符号和公差；

⑧ 仅限于公差。

（2）公差样式的使用方法：以双向公差为例。

① 单击【尺寸标注样式-GC 工具箱】工具栏上的【双向公差】按钮；

② 单击【尺寸】工具栏上的【自动判断】按钮 ，在图形区标注尺寸；

③ 选择尺寸附加文本部分，单击鼠标右键，在出现的快捷菜单中选择【编辑】命令，出现公差设计框，设置上偏差和下偏差，单击鼠标中键，完成偏差的设置。

10.5.4　总结与拓展——零件图的技术要求

零件图上的技术要求主要包括尺寸公差，表面形状和位置公差，表面粗糙度和技术要求。

1．极限与配合的标注

（1）极限与配合在零件图中的标注。

在零件图中，线性尺寸的公差有 3 种标注形式：一是只标注上、下偏差；二是只标注公差带代号；三是既标注公差带代号，又标注上、下偏差，但偏差值用括号括起来。

标注极限与配合时应注意以下几点：

① 上、下偏差的字高比尺寸数字小一号，且下偏差与尺寸数字在同一水平线上；

② 当公差带相对于基本尺寸对称时，即上、下偏差互为相反数时，可采用"±"加偏差的绝对值的标注法，如 $\phi 30 \pm 0.016$（此时偏差和尺寸数字为同字号）；

③ 上、下偏差的小数位必须相同、对齐，当上偏差或下偏差为零时，用数字"0"标出，如 ϕ。小数点后末位的"0"一般不必注写，仅当为凑齐上下偏差小数点后的位数时，才用"0"补齐。

（2）极限与配合在装配图中的标注。

在装配图上一般只标注配合代号。配合代号用分数形式表示，分子为孔的公差带代号，分母为轴的公差带代号。对于与轴承等标准件相配的孔或轴，则只标注非基准件（配合件）的公差带符号。如轴承内圈孔与轴的配合，只标注轴的公差带代号；外圈的外圆与箱体孔的配合，只标注箱体孔的公差带代号。

2．表面形状和位置公差的标注

形位公差采用代号的形式标注，代号由公差框格和带箭头的指引线组成。

3．表面结构要求在图样中的标注方法

表面结构符号中注写了具体参数代号及数值等要求后即称为表面结构代号。表面结构的要求在图样中的标注就是表面结构代号在图样中的标注。其具体标注法如下。

（1）表面结构要求对每一表面一般只标注一次，并尽可能标注在相应的尺寸及其公差的同一视图上。除非另有说明，所标注的表面结构要求是对完工零件表面的要求。

（2）表面结构的注写和读取方向与尺寸的注写和读取方向一致。表面结构要求可标注在轮廓线上，其符号应从材料外指向并接触表面。必要时，表面结构也可用带箭头或黑点的指引线引出标注。

（3）在不引起误解时，表面结构要求可以标注在给定的尺寸线下。

（4）表面结构要求可标注在几何公差框格的上方。

（5）圆柱和棱柱的表面结构要求只标注一次。如果每个棱柱表面有不同的表面结构要求，则应分别单独标注。

10.5.5　随堂练习

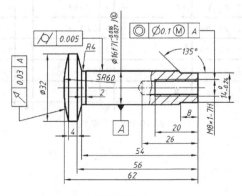

随堂练习 7

10.6 标题栏、明细表

10.6.1 案例介绍及知识要点

（1）填写标题栏，如图 10-107 所示。

图 10-107　标题栏

（2）填写明细栏，如图 10-108 所示。

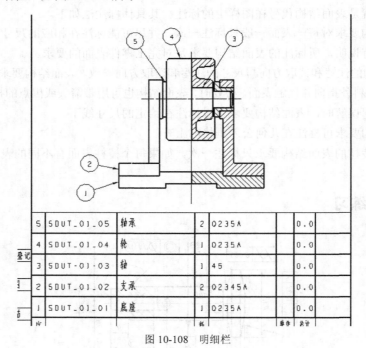

图 10-108　明细栏

知识点

（1）填写属性的方法；

（2）属性同步的方法；

（3）导入属性的方法；

（4）导入明细表属性的方法；

（5）自动标注零件序号的方法。

10.6.2 操作步骤

步骤一：填写标题栏

（1）打开文件"Wheel_dwg.prt"。

（2）创建属性值。

① 单击【标准化工具-GC 工具箱】工具栏上的【属性工具】按钮 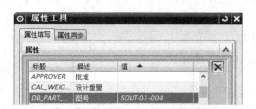，出现【属性工具】对话框；

② 在【属性】列表中选择【图号】选项，在对应的【值】文本框中输入 SDUT-01-004。如图 10-109 所示；

③ 按照上一步的方法，分别输入【名称】为轮、【设计】为魏峥、【第 X 页】为 1、【共 X 页】为 1、【比例】为 1:1 等选项的值，如图 10-110 所示；

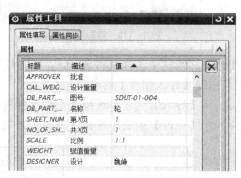

图 10-109 【属性工具】对话框   图 10-110 设置零件的属性

④ 单击【应用】按钮，标题栏显示如图 10-111 所示。

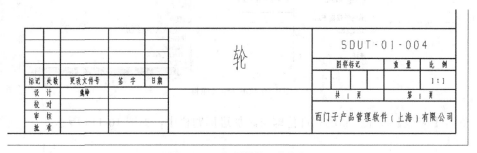

图 10-111 标题栏显示的内容

（3）添加新的属性。

单击【文件】｜【属性】命令，出现【显示部件属性】对话框。

① 在【部件属性】列表中选择【无类别】选项；

② 在【标题/别名】文本框中输入材料，在【值】文本框中输入 Q235A。

单击【添加新的属性】按钮 ，如图 10-112 所示，单击【确定】按钮退出对话框。

（4）导入材料属性。

① 单击【格式】|【图层设置】命令，出现【图层设置】对话框，把 170 层设为可选，单击【确定】按钮，如图 10-113 所示；

图 10-112　添加新的属性

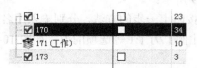

图 10-113　图层设置

② 在标题栏中选择材料显示区，单击鼠标右键，在出现的快捷菜单中选择【导入】|【属性】命令，出现【导入属性】对话框；

③ 从【导入】列表中选择【工作部件属性】选项；

④ 在【属性】列表中选择【材料】选项，如图 10-114 所示；

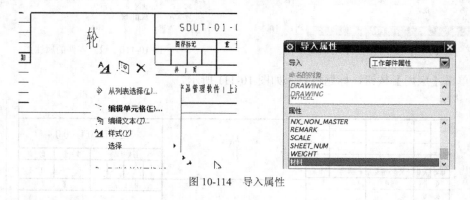

图 10-114　导入属性

⑤ 单击【应用】按钮，新的属性值即可添加进标题栏中，如图 10-115 所示；

图 10-115　导入新的属性

⑥ 选择【格式】|【图层设置】命令，出现【图层设置】对话框，把 170 层设为仅可见，单击【确定】按钮。

步骤二：编辑明细栏

（1）打开文件"wheel_asm_dwg.prt"。

（2）导入材料属性。

① 选择【格式】|【图层设置】命令，出现【图层设置】对话框，把 170 层设为可选，单击【确定】按钮；

② 在明细栏中选择【材料】的单元格，单击鼠标右键，从出现的快捷菜单中选择【选择】|【列】命令，如图 10-116 所示；

③ 然后在选择的【材料】这一列中单击鼠标右键，在出现的快捷菜单中选择【样式】选项，如图 10-117 所示；

图 10-116　选择【列】命令

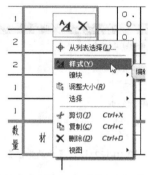

图 10-117　选择【样式】选项

④ 出现【注释样式】对话框，选择【列】选项卡，单击【属性名称】按钮，如图 10-118 所示；

⑤ 出现【属性名称】对话框，在列表中选择【材料】选项，如图 10-119 所示，单击【确定】按钮返回到【注释样式】对话框；

图 10-118　【注释样式】对话框

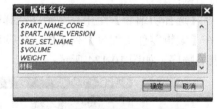

图 10-119　【属性名称】对话框

⑥ 在【注释样式】对话框中，单击【确定】按钮，明细栏中的【材料】一列即可导入各个部件的【材料】属性值，如图 10-120 所示；

⑦ 选择明细栏区域，单击鼠标右键，从出现的快捷菜单中选择【样式】选项，如图 10-121 所示；

⑧ 出现【注释样式】对话框，选择【适合方法】选项卡，取消【自动调整行的大小】、【自动调整文本大小】复选框，如图 10-122 所示；

⑨ 选择【文字】选项卡，设置文字为【Chinesef_fs】，在【宽高比】文本框中输入 0.67，如图 10-123 所示，单击【确定】按钮；

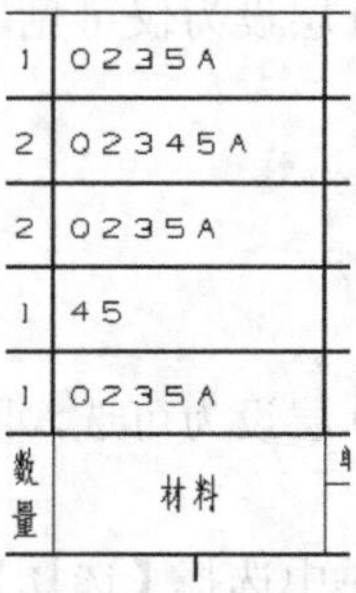

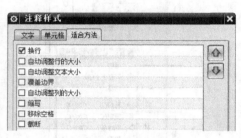

图 10-120 导入【材料】属性值

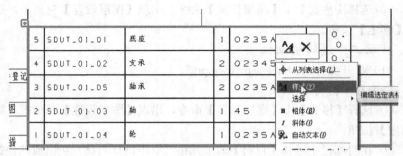

图 10-121 选择明细栏区域

图 10-122 设置【合适方法】

图 10-123 设置文字样式

⑩ 选择【格式】|【图层设置】命令，出现【图层设置】对话框，把 170 层设为仅可见，单击【确定】按钮。

（3）自动标注零件序号。

① 单击【制图工具-GC 工具箱】工具栏上的【编辑零件明细表】按钮，出现【编辑零件明细表】对话框；

② 在【选择明细表】组中，激活【选择明细表】；

③ 在【编辑零件明细表】列表中选中欲调整行，单击【向上】按钮或【向下】按钮来调整明细表的顺序，如图 10-124 所示；

图 10-124 调整明细表的顺序

④ 单击【更新件号】，重新排序件号，如图 10-125 所示；

图 10-125 更新件号

⑤ 单击【表】工具栏上的【自动符号标注】按钮，出现【零件明细表自动符号标注】对话框，选择图形区的明细栏，如图 10-126 所示；

⑥ 单击【确定】按钮，系统即可按照明细栏在视图上自动标注对应的序号，如图 10-127 所示。

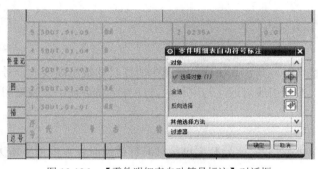

图 10-126 【零件明细表自动符号标注】对话框

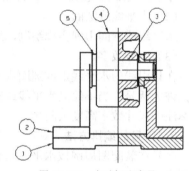

图 10-127 自动标注序号

10.6.3 步骤点评

对于步骤一：关于修改模板

UG NX8.5 中有自带的图框，其中零件名称、材料、重量（赋值重量）、零件图号、页码、页数、比例、设计都是可以在【GC 工具箱】|【属性工具】|【属性】中填写的，而且在装配时有关联性，但它自带的图框中的字体（中文：chinesef_fs，标注：blockfont）以及公司名称：西门子产品管理软件（上海）有限公司要修改，但调入图框用 GC 工具箱填写属性时，这些项目是不能被选中的，这是因为设置了图层仅可见的原因。

修改模板的具体方法如下：

（1）用 NX8.5 打开图框模板的源文件，这些文件的位置在：X:\Program Files\UGS\NX8.5\LOCALIZATION\prc\simpl_chinese\startup；

（2）选择【格式】|【图层设置】命令，出现【图层设置】对话框，把 170 层设为可选，单击【确定】按钮；

（3）选中需修改的单元格，单击鼠标右键，在出现的快捷菜单中选择【编辑文本】命令，修改文本；

（4）选中需修改的单元格，单击鼠标右键，在出现的快捷菜单中选择【样式】命令，更改字体及字体大小；

（5）选择【格式】|【图层设置】命令，出现【图层设置】对话框，把 170 层设为仅可见，单击【确定】按钮。

10.6.4　总结与拓展——装配图中零部件的序号及明细栏

1．一般规定

（1）装配图中所有的零部件都必须编写序号。

（2）在装配图中，一个部件可只编写一个序号，如在同一装配图中，尺寸规格完全相同的零部件，应编写相同的序号。

（3）装配图中的零部件的序号应与明细栏中的序号一致，并标注为一个完整的序号，一般应有 3 个部分：指引线、水平线（或圆圈）及序号数字。也可以不绘制水平线或圆圈。

2．序号的标注形式

（1）指引线。

指引线用细实线绘制，应从所指部分的可见轮廓内引出，并在可见轮廓内的起始端绘制一圆点。

（2）水平线或圆圈。

水平线或圆圈用细实线绘制，用以注写序号数字。

（3）序号数字。

在指引线的水平线上或圆圈内注写序号时，其字高比该装配图中所注尺寸数字高度大一号，也允许大两号。当不绘制水平线或圆圈，在指引线附近注写序号时，序号字高必须比该装配图中所标注的尺寸数字高度大两号。

3．序号的编排方法

序号在装配图周围按水平或垂直方向排列整齐,序号数字可按顺时针或逆时针方向依次增大,以便查找。

在一个视图上无法连续编完全部所需序号时，可在其他视图上按上述原则继续编写。

4．明细栏的填写

（1）明细栏直接画在装配图中时，明细栏中的序号应按自下而上的顺序填写，以便发现有漏编的零件时，可继续向上填补。如果是单独附页的明细栏，序号应按自上而下的顺序填写。

（2）明细栏中的序号应与装配图上的编号一致，即一一对应。

（3）代号栏用来注写图样中相应组成部分的图样代号或标准号。

10.6.5　随堂练习

建立螺栓联接装配工程图和螺母零件工程图，完成明细表和标题栏的设置。

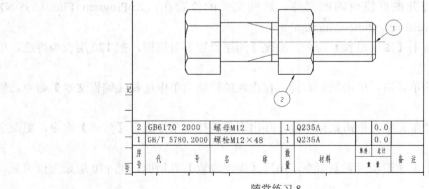

随堂练习 8

（1）绘制计数器装配工程图，如图 10-128 所示。

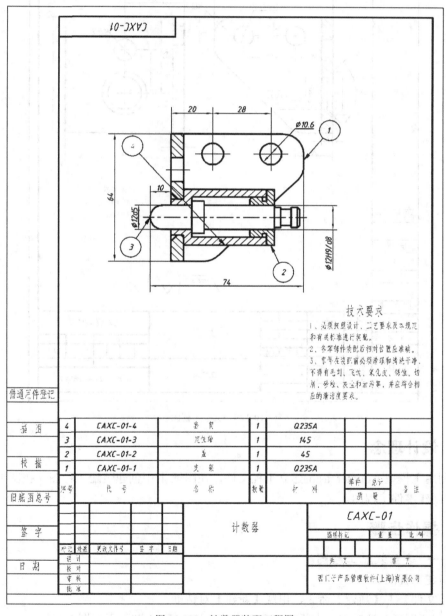

图 10-128　计数器装配工程图

（2）绘制支架零件工程图，如图 10-129 所示。

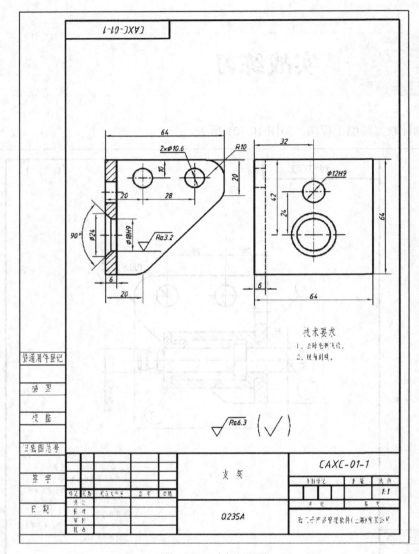

图 10-129　支架工程图

10.7.1　设计理念

建立利用主模型 Counter_asm 建立工程文件，在图纸 1 中创建装配工程图，在图纸 2、图纸 3、⋯⋯中创建零件工程图。

10.7.2　操作步骤

步骤一：建立装配工程图

（1）新建工程图。

选择【文件】｜【新建】命令，出现【新建】对话框。

① 选择【图纸】选项卡，在【模板】列表框中选择【A4-装配无视图】模板；

② 在【新文件名】组中，在【名称】文本框中输入 Counter_dwg.prt，在【文件夹】文本框

中输入 E:\NX\10\Study\；

③ 在【要创建图纸的部件】组中，在【名称】的文本框中输入 Counter_ asm，如图 10-130 所示，单击【确定】按钮；

④ 出现【视图创建向导】对话框，设置完毕后生成主视图，如图 10-131 所示。

图 10-130　新建装配工程图

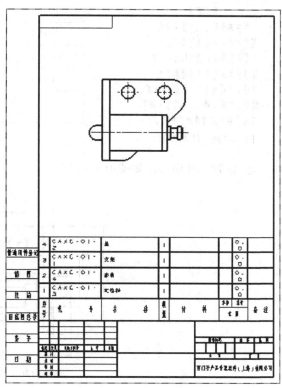

图 10-131　生成主视图

（2）确定视图表达方案——剖切主视图，如图 10-132 所示。

（3）标注尺寸。

标注性能尺寸、装配尺寸、安装尺寸、外形尺寸和其他重要尺寸，如图 10-133 所示。

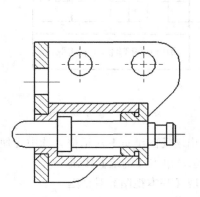

图 10-132　确定视图表达方案——剖切主视图

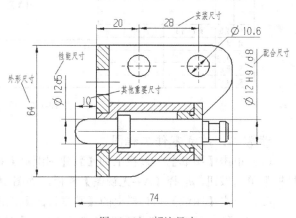

图 10-133　标注尺寸

（4）填写技术要求，如图 10-134 所示。

（5）填写明细栏和零件序号。

① 填写明细栏，如图 10-135 所示；

技术要求

1. 必须按照设计、工艺要求及本规定和有关标准进行装配。
2. 各零部件装配后相对位置应准确。
3. 零件在装配前必须清理和清洗干净，不得有毛刺、飞边、氧化皮、锈蚀、切屑、砂粒、灰尘和油污等，并应符合相应的清洁度要求。

图 10-134 技术要求

4	CAXC-01-4	套筒	1	Q235A		0.0	
3	CAXC-01-3	定位轴	1	45		0.0	
2	CAXC-01-2	盖	1	45		0.0	
1	CAXC-01-1	支架	1	Q235A		0.0	
序号	代号	名称	数量	材料	单件重量	总计重量	备注

图 10-135 明细栏

② 设置零件序号，如图 10-136 所示。

20
28
Ø10.8
1
4
Ø12d5
Ø12H9/d8
10
64
3
2
74

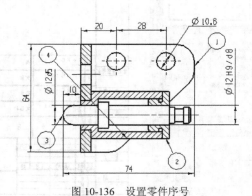

图 10-136 设置零件序号

（6）填写标题栏，如图 10-137 所示。

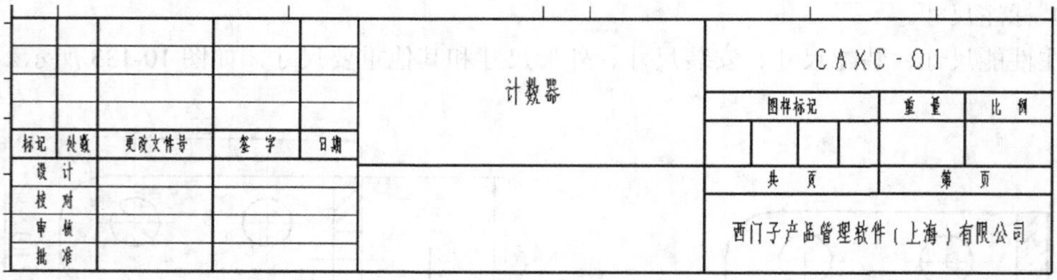

CAXC-01
计数器
图样标记
重量
比例
标记
处数
更改文件号
签字
日期
设计
校对
审核
批准
共 页
第 页
西门子产品管理软件（上海）有限公司

图 10-137 填写标题栏

步骤二：建立零件工程图

（1）单击【图纸】工具栏上的【新建图纸页】按钮，出现【图纸页】对话框。选中【使用模板】单选按钮，选择【A4-无视图】模板，如图 10-138 所示，单击【确定】按钮。

（2）单击【图纸】工具栏上的【基本视图】按钮，出现【基本视图】对话框。

① 在【已加载的部件】列表中选择【1.prt】选项；

② 在【模型视图】组中，从【要使用的模型视图】列表中选择【右视图】选项；

③ 在【比例】组中，从【比例】列表中选择【1:1】选项。

如图 10-139 所示，单击【确定】按钮。

图 10-138　新建图纸页

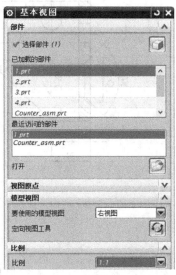

图 10-139　新建基本视图

（3）确定视图表达方案，如图 10-140 所示。

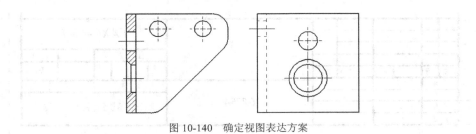

图 10-140　确定视图表达方案

（4）标注尺寸，如图 10-141 所示。

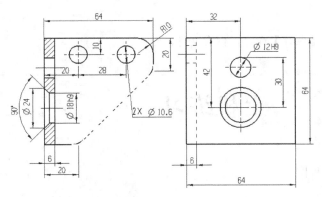

图 10-141　标注尺寸

（5）填写技术要求，如图 10-142 所示。

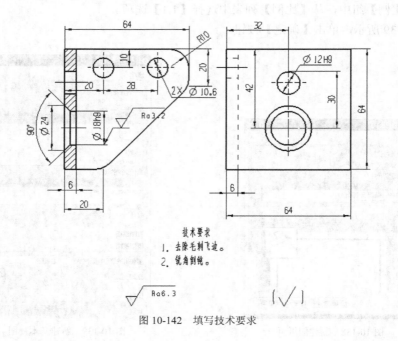

图 10-142 填写技术要求

（6）填写标题栏，如图 10-143 所示。

图 10-143 填写标题栏

步骤三：保存

选择【文件】|【保存】命令，保存文件。

10.8 上机练习

创建模型完成工程图。

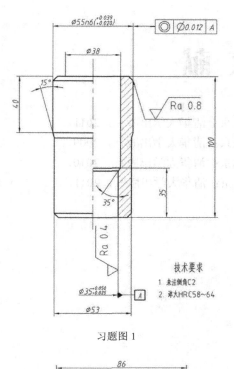

技术要求
1. 未注倒角C2
2. 淬火HRC58~64

习题图 1

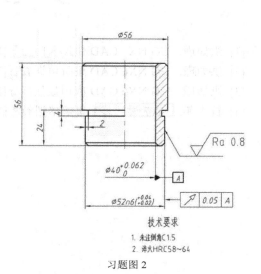

技术要求
1. 未注倒角C1.5
2. 淬火HRC58~64

习题图 2

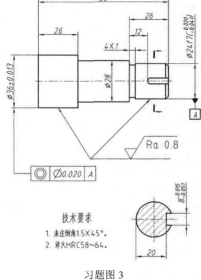

技术要求
1. 未注倒角1.5×45°。
2. 淬火HRC58~64。

习题图 3

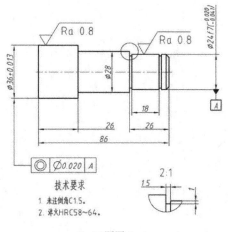

技术要求
1. 未注倒角C1.5。
2. 淬火HRC58~64。

习题图 4

参 考 文 献

[1] 洪如瑾. UG NX7 CAD 快速入门指导[M]. 北京：清华大学出版社，2011.

[2] 洪如瑾. UG NX6 CAD 进阶培训教程[M]. 北京：清华大学出版社，2009.

[3] 洪如瑾. UG NX6 CAD 应用最佳指导[M]. 北京：清华大学出版社，2010.

[4] 冒小萍. NX7 设计装配进阶培训教程[M]. 北京：清华大学出版社，2011.